好好吃教室

與孩子一起實踐的十四堂食育課

劉昭儀
羅亦庭——繪

推薦序

從「飲食」出發的生命教育

毛奇
飲食作家

回頭想起跟昭儀認識的經過，已經好久好久了！那是我剛開始經營粉絲頁，在網路上記錄做菜以及食物料理有關的心得，響應了昭儀舉辦的愛心便當活動，因此設計便當菜色跟讀者們分享；接著還參加了「街頭義煮」，在尾牙時給無家者添菜。回頭一看，這些鍋鏟庖廚的愛心活動，居然已是二〇一五年的事了。時光悠悠，竟然就這麼過了九年。多幸運，我還走在跟食物有關的路途上，寫作、料理；而昭儀跟她的「我愛你學田」以及夫婿羅文嘉一起運營的水牛書店，這九年來持續愛鄉愛土，涓滴實踐、關懷下一代的教育——從「飲食」出發的生命教育。

有時候我看她上山，跟桃園復興鄉的國小孩子們一起做菜，我自己也參加過一回。我們事先籌備菜單，討論如何誘發孩子更多的思考，身為兩個孩子母親的昭儀，有真誠的分享與愛，推己及人，讓每個參與的孩子透過食物開啟思考的機會。

這本《好好吃教室：與孩子一起實踐的十四堂食育課》，內容分成十四個章節，這是昭儀多年來執行飲食教育的集結。把日常菜色轉化成引人深省思考的腦袋食糧，從小學學童、中學生夏令營、乃至於頂尖大學生，都是她用食物傳承、啟發的對象。從十四個不同的教案，可以見到她針對不同年齡層的受眾，所打造出不同的食育模式。比如小學生的飲食教育，宜搭配繪本，循循善誘，還可以加入英文單字的學習，讓小朋友在品嘗異國風食物料理的同時，宛如上了一堂地球村的飲食課；知道不同族群、不同文化背景的人，有不同的飲食偏好，卻有著相同期盼幸福的巧思。

《好好吃教室：與孩子一起實踐的十四堂食育課》也導入時下最重要的一些飲食關鍵概念：台灣米、菜市場、永續海鮮、食物里程、格外品（醜蔬果）、自煮自食。每個教案包含了：活動描述、溝通重點知識、活動執行注意事項，透過深入淺出的紀錄，能夠給予第一線的教育者很實際的參考，並轉化成適合自己操作的飲食教案。因此，此書除了窺見《好好吃教室》的思路，也能當作教學的參考。最後就是能夠在本書中，看到台灣人的飲食見識與時並進的思考，讓人覺得昭儀在教育與公益的路上，「食」事求是、「口口」是道。

推薦序

最佳的食農教育書籍

陳吉仲　農業部首任部長、中興大學應用經濟系特聘教授

二〇二二年食農教育法立法通過開始實施，食農教育對消費者、對農民皆是正面幫助，食農教育法做好，消費者會知道食物的來源、認識農產品的消費和營養的關係、體會農業對生態環境的影響等許多優點，農民也會因消費者購買本地農產品而獲益。讀完昭儀的《好好吃教室：與孩子一起實踐的十四堂食育課》之後，第一個感想就是，昭儀非常適合擔任全國的食農教育宣傳大使，讓昭儀的貢獻影響到全國。

文中提到菜市場中的青菜分類，多少人不知道萵苣和青江菜的差別？哪些食材含有豐富的維他命A和胡蘿蔔素？哪些是有機和產銷履歷？當我們要鼓勵使用在地食材時，若市場的農產品沒有清楚標示，消費者很難分別國產與國外農產品。書中

所介紹的產銷履歷和有機農產品，就是讓消費者可以清楚了解並購買在地食材。目前國內有機及友善耕作已接近兩萬四千公頃，產銷履歷是超過十萬公頃，這兩個標章是農民對消費者及自己負責的方式，這兩種標章安全檢驗合格率超過99%，所以消費者喜歡購買這兩種標章的農產品，也因需求而帶動農民持續的生產，進而達到農產品安全和農民收入增加雙贏的結果。

「食物的天堂與地獄」將小朋友們票選出來的地獄食物，透過不同的料理方式變成天堂食物，焗烤茄子和梅子苦瓜就是最好的例子。這個活動讓我們想到，八年前，全國國中小三千多所的學校午餐選用在地食材不到10%，在「三章一Q」（CAS台灣優良農產品標章、台灣有機農產品標章、產銷履歷農產品標章，以及台灣農產品生產追溯條碼）的獎勵下成長到98%，可是還是有許多學校的午餐吃不完而成了廚餘，我想這不是食材的問題，而是料理的問題，若能像昭儀這樣將小朋友地獄食物轉化為天堂，學校午餐絕對是小朋友們每天最期待的天堂食物，更能大量減少糧食浪費的情形。

「舌尖上的小火車環島旅行」一篇，讓小朋透過好玩的小火車搭配各地的火車站，小火車到那一站介紹當地的農特產品，這是一個瞭解在地農業、認同當地的農業，到最後支持當地農業的最佳典範。舉例來說，全台文旦有十大產區，從台南柳營和麻豆、嘉義竹崎、雲林斗六、苗栗西湖、新北八里、宜蘭冬山、花蓮瑞穗和玉溪、台東東河，每個產區文旦因地理氣候環境不同而產生不同風味。如果能依此製作出全國文旦地圖，之後每年白露採收文旦時，大家一定會想購買不同產區的文旦來品嘗，而辛苦且一年只有一收的農民也能獲得保障。全國數百種的農產如果都有農產地圖讓大家了解，這就是支持及認同在地農業最佳行動。

「山上的小廚師」一篇展現了人文關懷的一面，較偏遠或山上的小朋友有些因家庭因素需協助，昭儀帶領的團隊不是直接提供食品，而是教導小朋友如何透過當地的食材和菜車採購，來讓小朋友學習取得農產品，並利用這些產品做成一道一道的菜餚，回家後可以複製。這是土地與人的價值，也是陪伴孩子長大的力量，而農業及每天飲食提供的最佳場域就是廚房，山上的小朋友可以這樣做，農村或都市的小朋友也可以來試看看昭儀的食農教育模式。這反映了許多家長期待自己的小朋友國中畢業前，可以自己煮一、兩道菜的願景。

另外值得一提的是，每個章節最後的「腦補畫重點」更是將食農教育重點一一畫出：食物里程、醜菜（或格外品）、節氣等就是一例，非常實用。

最後要說明最簡單、最有家的味道是米食，而最佳食米的方式是煮飯，讓小朋友從小認識台灣米進而喜歡吃台灣米，讓具有糧食安全、文化、生態環境等正面效果的台灣稻米，持續在這塊土地生產和孕育我們的下一代，這是台灣農業永續最棒的傳承工作。因此對食農教育有興趣、支持認同在地農業、培養均衡飲食觀念、珍惜食物減少浪費、傳承與創新飲食文化的朋友們，我十分推薦昭儀的《好好吃教室：與孩子一起實踐的十四堂食育課》。

推薦序

瑞安街那輛餐車

蔡珠兒 作家

本來，說到食育和教養，我是沒資格講話的，但身為昭儀的「廚蜜」（也是鄰居、玩伴和拳友），這幾年來，我看著她冷靜籌劃，熱血奔忙，開餐車滿載好料，拉大隊上山下海，把菜市場、環島小吃、迴轉壽司搬到偏鄉學校，只為了教孩子「好好吃飯」，讓我嘆服感動，忍不住要來插嘴見證一下，用力推薦此書。

認識快十年，我始終想不通，昭儀到底是四面佛還是千手觀音，為何有求必應，能做這麼多事？她是渣男和逆女的阿木，羅社長的主管（也兼幕僚），書店市集和民宿的闆娘，要策展要企劃要行銷，要開會要寫專欄，要重訓要拳擊，忙完一天滿頭煙，收工後她還要煎炒揮灑，煮出餵飽家人的美美晚餐。

然後她還能分身做「里長」，常在街坊分送好康，叮叮叮，我又收到簡訊，

「去烏來買的珠蔥，要嗎？」叮叮叮，「復興鄉的火燒柑，分你？」過不久，她就騎著單車來送貨，台南的魚冊，屏東的芋粄，馬祖的淡菜，基隆的吉古拉，富岡的白旗魚，田寮的皇帝豆，谷關的紅玉桃，司馬庫斯的高麗菜……這個闆娘很奇怪，送的比賣的多，住她家附近的朋友雨露均霑，吃慣好物，跟她的家人一樣，「嘴斗」都被養刁了。

不能老是白蹭，偶爾我也反饋回敬，我們不時互送家常菜，交換心得撇步，分享食材訊息，互相訴苦也彼此打氣，成為廚蜜和盟友。然而，昭儀並沒有像我一樣，只是停留在吃貨的舒適圈，安於歪嘴雞的小確幸，相反地，她不斷向外（地）跨越，往（山）上提昇。

最初，她帶著食材和廚師去偏鄉，教山上的小朋友做飯，後來辦起快閃菜市場、便利店、壽司鋪，到各地教孩子辨識蔬菜和食魚，看懂零嘴的成分標示，學會抉選採買。隨後活動愈發多樣，有本地風土小吃、各國新年食物、食物科學等課程，涵蓋面更加寬廣，打怪難度逐年升級。

近年，這輛餐車已開入椰林道，教大學生捏飯糰、漬雞胸、炊海味飯，進行美味滋養的自煮運動，是呀，誰說小學生才需要食育？其實我們都需要啊。食物是身體每日所需，「好好吃」既是形容詞，也是動詞，飲食不僅是滋味，更是技能和知識，愈早學到愈好，就像昭儀說的，這是「終身攜帶的禮物」，受用無窮。

我也跟昭儀和柱哥上過山，去復興鄉的義盛國小教做菜，有一事觸動極深。美麗活潑的泰雅孩子們，做菜時笑鬧追打滿場飛，吃東西就刷地安靜下來，捧著碗慢啜細嚼，神情專注敬慎，彷彿那是極品珍饈，不像我平日碰到的台北孩子，吃飯多半散漫不經心，少見賞識喜愛的表情。

有一個小女孩，突然從碗裡抬起頭，小臉沾著魚湯，笑靨如花，輕聲跟我說，

「好好吃喔。」

那是我畢生最珍貴的讚美，最大的榮耀。

書寫食物故事的廚娘身影

羅文嘉　水牛書店社長

作為本書作者的另一半，我親眼見證了女性的堅毅與偉大。

十四年前，我們家來了羅小姐，隔一年又加入羅小弟。原本標準的外食族，瞬間改為在家一起吃晚餐，客廳的大長桌成為全家中心，劉小姐的廚娘身影，固定每天傍晚現身廚房。大長桌上，兩個孩子狼吞虎嚥外，就是盡情嘲笑老爸。這一切都是為了孩子健康成長，並且留下美好回憶。

劉小姐從小在美食家庭長大，老爺爺是饕客，長於徽菜、秦菜，老奶奶擅長北方麵食，我的岳母擷取台菜與外省菜精髓，總是輕而易舉就做出一桌好菜。

但再怎樣出色的廚師，面對刁嘴、貧嘴、又愛擺臉色的羅氏三害，必須殫精竭慮每天變換不同菜色，時間一久總有後繼無力的感嘆。

不過，越是艱困環境，越能激發其鬥志，劉小姐開始研讀各方書籍，嘗試不同手路，從最末端的食物烹調，往上探索食材來源，包含品種、產地、生產方式、季節等，無不仔細探尋。偶有機會受邀品嘗名家手藝，必認真做筆記並詢問食材細節。

她開始真正寫食物文章是便當文，當時羅小姐念國中，每週有五天要準備便當，便當菜色既要營養，又要美味，還要蒸熱後顏色引人食慾。深感很多媽媽一定跟她一樣，為便當菜色所苦，所以把每天做的便當菜色跟大家分享，沒想到一寫就是三年，將近五百多篇便當文。

羅小姐和羅小弟都是念台北市公館國小，這間被稱作都市裡的森林小學，注重五育平衡發展，一個年級只有兩班學生，並且還有自己的廚房做自己的營養午餐。家長們輪流進校當廚房志工，一起為孩子的午餐用心。

劉昭儀擔任家長會長期間，和志工媽媽發起公館菜市場的活動，編寫教案、設計活動，讓孩子除了享用營養午餐外，進一步認識用來製作食物的食材是怎麼來，這對現代都市裡的孩子十分新奇。

媽媽們知道食農教育要有效果，不能比照一般課堂授課方式進行，必須有趣、互動、易懂，從遊戲或體驗中學習才能引發學習動機。

這本書除了整理在公館國小的操作經驗外，還有特別為桃園市復興區原住民學校，以及基隆市偏遠學校設計的課程活動，主題都環繞在土地與食物上，透過孩子自己動手做，逐步累積對食物、食材、土地的認識。當認知食物不只是填飽肚子的東西，就能孕育對食材運用的多方想像力；當重視食材的來源，就會體會大地才是真正最豐富的廚房。

每一個國家、民族、地域的飲食文化，都深受當地的地理風土氣候、歷史風俗文化影響，台灣有屬於自己的風土民情，也是典型的移民社會，在飲食的世界裡得天獨厚。前年台灣首部食農教育法通過，政府與民間開始重視飲食與農業的密切關聯，越來越多年輕廚師在社會嶄露頭角，他們不僅長於食物烹調，也開始述說食物的故事，每一段故事的主角，不僅有人，也有土地，更包含他們之間精彩的對話與互動。

我很高興，羅氏三害、一家四口，在媽媽的帶領下，也不知不覺中參與了這些故事的書寫，感謝上天，讓我們如此幸運！

作者序

取悅小孩優先

當初倡議在課綱中，加入「素養」這個重要概念的教育專家們，也許沒想到，之後的許多老師家長們，彷彿跟孫悟空一般，戴上了「素養」的緊箍兒，開始在原本的學習模式與評量中，盡可能「無限素養」。所以數學的題目開始繞圈圈、講廢話，為的是要考出孩子閱讀與理解的「素養」；或是讓孩子讀些經典的文學作品，卻是從各種非文學的層面，拆解內容符合哪些課綱中的「素養」？素養變成無所不在、卻又讓孩子難以下嚥的苦果。做為想讓孩子快樂學習的家長，真的不希望原本立意良好、想改變的傳統填鴨模式，最終還是變成一隻死氣沉沉又僵硬的大烤鴨。

我決定試著透過食物，來跟孩子們一起玩一起學。當時還不知道所謂「食農教育」的概念，只覺得好吃的食物總是能取悅孩子，且是可以在每天的生活中，跟家長一起實踐的行為（或說儀式）。剛開始，就在自己小孩的學校，透過家長會，組織一群相同想法的家長們，利用短短的晨光時間，設計跟食物有關的活動。我記得第一次是就地取材的帶著孩子們在校園裡，以闖關遊戲的形式，尋找可以入菜的植物：從幼稚園的小菜園、老師們自己種的九層塔、蘆薈、地瓜葉、還有可愛的小草莓等……由此帶出了生產履歷的概念，然後利用現採的食材，做了一個簡單的料理，讓孩子們現採現吃，品嘗樹頭鮮的好滋味。沒想到大家超投入、超捧場，家長志工們拍攝的現場活動紀錄照片，放在家長群組，搭配詳實的教案說明，孩子們回家興奮的分享，從此開啟欲罷不能、推陳出新的食育活動；讓孩子的口腹之慾跟營養發育、產地環境、節令風土、醜菜剩食零食等等結合，甚至還銜接到社會課本的內容，讓孩子們可以分組討論後，成為食育活動表現的主角。

也因為這段期間的訓練與經驗，因緣際會得到強大的信任和支援，讓我將食育活動的觸角，伸向偏遠地區的小學校。五年來我和團隊的夥伴們，上山之後，還前往了海濱。不同的偏鄉小校，缺乏的不是冰冷的物資，而是陪伴的能量與溫度。包含志工在內的大隊人馬，每次長途跋涉之後，也許只能服務三十個左右的孩子，但也因此得到這些孩子滿滿活力、積極、專注，並且快樂享受的參與。每次看到活蹦亂跳的孩子們，又比上回看到時更高更壯，都會忍不住開心微笑（好像是我養出來的?!）；最高興聽到老師們說，孩子們的抵抗力增強，每到冬天，集體「酷酷嫂」

的狀況變少了；也曾經有孩子參加食育活動後不久，家長就生病了，因此開始用學到的方法，試著接手掌廚，成為家庭變故後，維持日常家庭料理的重要支柱；最不能抵抗的是，在筋疲力竭的收拾善後、準備離開時，孩子們雀躍的圍著自己，搶著詢問：「還會再來嗎？」「下次要教我們什麼？」「可以給我抱抱嗎？」好的好的，你們說什麼我都不會說不（已融化）⋯⋯。

這些準備過程繁複，又重視細節與品質的食育活動，經過一次又一次的累積，的確可以改變孩子們的飲食習慣、對產地的認識、永續理念的扎根、分辨「著時當令」的經濟實惠與飽足的養分，讓大家明白用飲食善待自己，是終身攜帶的禮物；而每次的實作，還能訓練孩子們的小肌肉，以及操作流程的系統思考；更重要的是帶回家中實踐，還能增進親子之間的交流與共識。

每個教案的執行，都動員許多夥伴的參與：比如在都市裡的學校，很幸運地加入了許多有共識、有能力的家長投入；在偏鄉小校若沒有隨傳隨到的優秀主廚老師，以及熱血感人的志工群，就無法成立；還有許多優秀的食材生產者，提供了最棒的鮮活教材，讓孩子們透過味蕾，感受到土地滋養的豐美；還有許多在教案形成過程中，不厭其煩、給予專業協助的專家職人⋯⋯當然！也沒有忘記我的第一個食物老師：我的母親謝小姐，因為有妳的餐桌，才讓我學會生活的素養，並且明白素養無分高低，而在於找到自己在生活中，實踐的能力與方法。老媽，謝謝妳的愛，我也努力成為更多孩子們的食物老師了！

如果你也想跟孩子一起玩、一起學、一起認識食物的美好，請準備跟我一起進入充滿愛意的「好好吃教室」吧！

目次

目次

01

菜市場好好玩

食育關鍵字

土地與節令

心算與數字

市場文化與禮儀

產銷履歷

食物多樣性

五月即將迎來母親節。多數學校都會讓孩子以各種手工勞作，或舉辦感恩儀式，來慶祝母親節。但因為各種理由，最後總是要召募媽媽志工進校，協助孩子完成課餘的活動，然後我們才猛然驚覺，難道這是母親節的整人活動嗎？（笑）

讓媽媽開心最簡單的方式，就是彼此陪伴的日常；如果能在陪伴媽媽的過程中，讓孩子學到更多實用、受用的知識與素養，那就是最優惠的紅利。

「公館菜市場」的晨光活動就是基於這樣的想法設計出來的——在學校布置出一個活跳跳的菜市場，有菜販、有販售的新鮮蔬果，還有進行買賣的道具……。這菜市場「麻雀雖小、五臟俱全」，但是，所有參加活動的孩子，該如何達成買菜任務呢？

把菜市場搬進學校

因為工作的關係，我收集了許多在地小農的資訊；學校家長中，許多阿公阿媽也有自己耕種維護的「開心農場」。首先我們依照節令，挑選出具有代表性的季節菜色，並且盡量涵蓋蔬菜種類與食用部位的多樣性，如葉菜、根莖、果實，甚至花蕾等，還要夾帶一些平常孩子可能不願意嘗試的蔬菜。

決定好菜的種類、數量，並且跟小農下單後，預先製作好菜市場活動任務單，上面會列出所有菜色、類別、單價，以及產地；附註的活動須知，則請家長為孩子準備一百到兩百元的零錢和環保袋。這張任務單請孩子們提前一天帶回家，讓親子共同討論隔天到菜市場時，要買哪幾樣菜？（視家庭狀況，另由家長會提供買菜金給有需要的孩子。）

這是蔥，
不是韭菜！

新鮮的農產品就是美感的體驗

活動前一天，所有來自產地的蔬菜、農產品直送學校。為了環保並節省開銷，志工家長會先整理分類所有裸裝的小農菜：比如，葉菜類會用麻繩一束束紮好，方便小客人們採買；電子秤事先充電備好，讓顧客秤斤秤兩看價錢。

活動當天，工作人員更是要提早到校，將小小的學校穿堂布置成攤商雲集的菜市場，每位老闆、老闆娘穿著工作圍裙、備好零錢，把鮮嫩清脆的優質農產品一一陳列在桌上，自然就是美的展示呈現。

認識菜市場的文化與遊戲規則

孩子們來到菜市場，當然有掩不住的興奮與躁動。但是稍安勿躁喔！我們會花十分鐘左右的時間，先簡單的跟孩子們分享菜市場的文化與遊戲規則。包含台灣菜市場使用的台斤，跟孩子們學到的公斤，有什麼差別？從傳統秤到電子秤，要如何辨識秤重的訊息？目前當令菜色的產地分布，與生產履歷有什麼關聯？

有時候還會增加主題性的食材知識，比如護眼或增強免疫力食材的介紹，為小顧客們重點提示稍後採買的參考。

買菜就是生活的體驗與學習

開賣了！多數的孩子都是第一次上菜市場的客人，有的猶豫再三、有的奮不顧身。志工老闆和老闆娘熱情的招攬，不只幫孩子解惑：「這個是蔥、那個才是韭菜。」「茼蒿和青江菜傻傻分不清楚……沒關係，買錯也是一種學習！」還會傳授好吃撇步：「胡蘿蔔跟菠菜一起炒蛋好好吃喔！」

有時候要提醒孩子盤算手中的買菜金如何分配，一次「梭哈」可能就買不到多樣的食材。看到孩子大方加碼自己的零用金，必須適時幫他踩煞車，否則太貪心，盡情血拼之後，不但會塞爆自己家的冰箱，也可能反而折損蔬菜的新鮮度。而識貨的家長們，早就在一旁虎視眈眈，待晨光活動結束，就換大人進場買一波！

活動最後，所有小朋友帶著裝得滿滿的環保袋，連同之前發下的菜單任務卡，一起放進環保袋帶回家。家長可以驗收是否完成事前規劃採買的清單、有沒有受到吸引增加採買的品項等，最重要的是，等等就可以請家長把最新鮮，來自產地的農作端上晚餐的餐桌！

四十五分鐘的晨光時間，變成鬧哄哄又充滿人情味的菜市場……孩子們答應今晚會好好吃自己買回家的菜……不知道大家都有做到嗎？

課堂後的美好食光

晚餐後，家長群組陸續傳來，各種在菜市場買菜，變成餐桌料理的照片。有的孩子熱切的參與備料、烹煮過程，或是全家在餐桌，以學校變成菜市場為話題的交流。手機傳來叮叮噹噹的聲音，所有志工家長們盯著手機，不禁微笑……大家都在問：

「下次的菜市場是哪一天？」

我看著熱鬧的對話框，回覆一個瞪大雙眼的表情符號！

腦補畫重點

護眼食材

為了將食材的營養聚焦，我會選擇一個主題介紹，比如「護眼食材」，或是疫情期間談「增強免疫力食材」。小朋友們不一定愛吃胡蘿蔔，但吃了可以加強視力保健（含有維他命A和胡蘿蔔素）；還有各種深綠色蔬菜，如菠菜、地瓜葉等，以及黃色的蔬菜如南瓜，富含葉黃素，都是對眼睛好的食材，要想看電腦或手機螢幕，孩子們就要努力多吃。

有機與無毒農作

不論是合乎有機認證的農作，或是小農以無毒友善方式生產，我們建議優先選擇，讓全家人安心食用，品嘗「真食」的滋味。（買了地瓜或南瓜的小朋友，我們有提醒可以連皮吃哦！）

在地與當令

告訴孩子隨著產季吃當令菜色可以吃到最飽滿的營養與鮮甜、也是最經濟的選擇；賣相不好的醜菜，會有更健康更美好的滋味、更能減少食材的浪費；不喜歡的菜也要嘗試，讓成長中的身體有更多元與均衡的營養。

好好玩指南

❶ **執行期間：**春天或秋天都很適合，夏天太熱，蔬果保鮮不易，最好避免。

❷ **道具準備：**各種擺放陳列蔬果的木箱、籐籃或透明菜盒。陳列與包紮的方式也是美感體驗。另外若能借到傳統秤，可與電子秤一起示範；擔任菜販的志工，要穿工作圍裙，方便工作也創造氛圍；零錢先備妥給各攤菜販，方便找零；先募集一些環保袋，讓沒有準備的同學們使用。

❸ **販賣的農產品標示圖**（貼在每種蔬果陳列箱上）：至少要包含蔬果名稱、產地與售價。請參考任務單與產品標示圖。

❹ **活動時間：**50分鐘。

❺ **關於進貨：**這是最傷腦筋的部分。可以考慮參考附錄的任務單分類，然後依據葉菜類、根莖類、花菜類、果實類、全穀雜糧類等，依節令挑選菜色。以公館國小為例，若參加學生為50～60人，菜市場大約會準備18～20個品項給小客人選購，通常會去找無毒友善或有機耕作的農夫大量採購。以葉菜類為例，每把蔬菜大概抓250～300公克，或是依據售價抓一個整數（比如一把30元），選某些品項現場秤重計價，讓小客人體驗即可。

❻ **執行流程：**活動前一週確認進貨品項並製作任務單。活動前兩天各班發下任務單。活動前一天透過班群，再次提醒家長準備買菜金與環保袋；同一天農產品進貨送達學校；全體志工完成分類整理與包紮。活動當天志工提早半小時，進行場地佈置與菜色陳列。

❼ 如果暫時無法在校實施活動，家長可以試著帶孩子到傳統菜市場進行體驗，先跟孩子討論後，確認採購任務的品項（建議不要多，可以從兩至三項開始），一樣準備買菜金與環保袋，可以陪同孩子，但全程由孩子踏查、比較、選擇並決定採買，等到買完後，再跟孩子討論採購過程的心得與學習。

教案協力：謝若妍

執行與照片提供：公館國小食育志工

葉菜類

	小松菜 Japanese Mustard Spinach	產地 origin: 三峽	$60 / 斤
	地瓜葉 Sweet Potato Leaves	產地 origin: 三峽	$60 / 斤
	高山高麗菜 Cabbage	產地 origin: 司馬庫斯	$60 / 斤
	綠莧菜 Amaranth	產地 origin: 大溪	$60 / 斤
	蘿蔓 Romaine Lettuce	產地 origin: 三峽	$75 / 斤
	黑葉白菜 Chinese Mustard	產地 origin: 大溪	$60 / 斤
	菠菜 Spinach	產地 origin: 復興	$75 / 斤

根莖類

	胡蘿蔔 Carrot	產地 origin: 三峽	$60 / 斤
	洋蔥 Onion	產地 origin: 屏東	$50 / 斤

果實類

	彩椒 Bell Pepper	產地 origin: 西螺	$140 / 斤
	桃太郎番茄 Tomato	產地 origin: 宜蘭	$100 / 斤
	玉米筍 Baby Corn	產地 origin: 西螺	$40 / 斤
	菜豆 Kidney Bean	產地 origin: 復興	$60 / 斤
	栗子南瓜 Chestnut Pumpkin	產地 origin: 宜蘭	$70 / 斤
	小黃瓜 Cucumber	產地 origin: 三峽	$60 / 斤
	秋葵 Okra	產地 origin: 三峽	$70 / 斤

全穀雜糧類

	牛奶水果玉米 Corn	產地 origin: 西螺	$30 / 枝

注意事項：

a. 請師長協助提醒，讓同學自備購物袋，買菜金活動當天提供。

b. 請在上列菜單勾選，希望至少勾選一項，最多三項。

食育關鍵字

英語情境

農夫市集

計量單位大不同

異國文化體驗

02

Let's Go to the Farmer's Market

因為有了「把菜市場搬進學校」活動的規劃執行經驗，在炎熱的夏天或冷颼颼的冬日，可選擇的菜色和喜歡的料理肯定是有很大的不同。所以在菜市場熱鬧有趣的活動模式中，可以變化著、讓孩子多面向累積對食物豐富細緻的品味素養，因此我們有了每學期大家都期待、推陳出新的晨光菜市場——雙語版的“farmer's market”。

型，完美重現了《To Market, To Market》繪本中，不停上菜市場的「鬼打牆」老奶奶。當造型浮誇的老奶奶，出現在各式道具布置而成的菜市場時，孩子們都瞪大了眼，看著我們模擬的情境劇，也就是老奶奶到菜市場採買時，與攤商老闆的對話。

第一次演出，所有演員會以較慢且清楚的聲量表演；對話結束後，再問大家剛剛在對話中，聽到了哪些食材的關鍵單字？接著重複一次剛剛的對話，在重點句型時暫停，拿出大型的巨型紙板，進行句型解說。透過所有演員搞笑的語調動作，讓大家在歡笑聲中輕鬆學習。之後就輪到孩子分組練習嘍！各組會得到不同的採買任務單與代幣，必須到不同的菜攤完成採買練習。今天的重點是試著以英文對話互動來買菜，所以每位攤商老闆、闆娘，要鼓勵小客人用完整的英文句子表達，才能買到要採購的食材；重點句型也會出現在現場大螢幕上，好讓孩子們不時惡補一下。

實際練習產生信心

系列課程最後壓軸來到真實的穿堂菜市場！開始前，所有的志工老闆和闆娘，不但要準備事前採購的小農或家長們提供的當令蔬菜（優先選購前面繪本所介紹的蔬菜），還要先各自喃喃自語、面壁準備和孩子互動的英語對話。

開賣前一天，孩子們已經先看到所有販售菜單，跟家長們討論好當日的採買重點，並且準備了兩百元左右的買菜金與環保袋。配合雙語體驗的主題，我們先介紹國外常用的計量單位，如磅（pounds，縮寫為ib）、公斤（kilogram，縮寫為kg）、公克（gram，縮寫為g）；也透過影片，讓大家認識直接跟農夫買菜的農夫市集。

現場所有蔬果標示都是中英文並陳。跟所有的孩子提示當季蔬菜的產地履歷與特色後，為了鼓勵大家盡可能的使用英文詢問並採買，依照《To Market, To Market》繪本主角喬裝的老奶奶再度出場，只要同學去找老奶奶練習三個採買的英文句型，她會加碼贈送精選的蔬菜或水果作為紅利（bonus），搞笑老奶奶就像是鼓舞打氣的加油站，所有孩子帶著小禮物轉身，彷彿就能帶著信心在異鄉的農夫市集，自然而然的開口招呼、詢問，並買菜。放學回到家，讓爸媽們忍不住稱讚Good job！

課堂後的美好食光

課後，除了提供家長們，繪本作者親自朗讀的連結，期待親子共同欣賞閱讀，也提醒家長，有空和孩子一起重複練習任務單，列出逛市場常用的食材單字，與採買句型……作為下次前導課程的準備。

附上另一個連結是旋律感十足的《To Market, To Market》，希望回家觀看後，可以讓孩子更朗朗上口！

繪本朗讀　韻律唱謠　農夫市集

補充提示語句

小孩的

- Excuse me.
- I want ______ , please.
- Do you have ______ ?
- How much is ______ ?
- How much are ______ ?
- Have a nice day!

攤販的

- May I help you?
- Yes, I have(fish/some tomatoes…)
- Sorry, I don't have any / they are sold out.
- It is ($ 20).They are($ 50).
- It is($ 10)for each/each bag.
- Here is your change.
- Have a nice day.
- Thank you and please come again.

腦補畫重點

You are What You Eat

英文的俗諺，你吃什麼就會變成什麼！選擇食物的營養和熱量，就會反映在飲食者的身體和容貌。所以每個人的飲食習慣，深深地影響身體健康及體態，甚至表現在臉上。

農夫市集

除了傳統菜市場與生鮮超市，國外有很多假日才出動的農夫市集，可以讓生產者跟消費面對面；不但縮短產銷之間的距離，更可以用不同的形式，認識農產品的生長歷程、滋味與營養，甚至料理方式。台灣的許多城市，也都有假日農夫市集，可以讓孩子體驗嘗試。

雙語菜市場指南

1. **活動時間：**50分鐘。
2. **菜市場的執行準備：**包含農產品名、產地與售價的圖卡，還有買菜任務單等，全部要增加為中英雙語。
3. 扮演菜販的志工家長要多多練習，引導孩子至少以英文打招呼，然後試著用英文聊天，進入買菜模式，最後離開時別忘了說聲：Have a nice day!
4. 如果有機會全家出國旅行，別忘了帶孩子一起逛逛當地的農夫市集，印證之前的學習。

教案協力：鄭淳怡、王雯怡

執行與照片提供：公館國小食育志工

03

歡迎光臨！小學裡的便利商店

食育關鍵字

#食品成分

#食品科學

#食品添加物

#營養標示

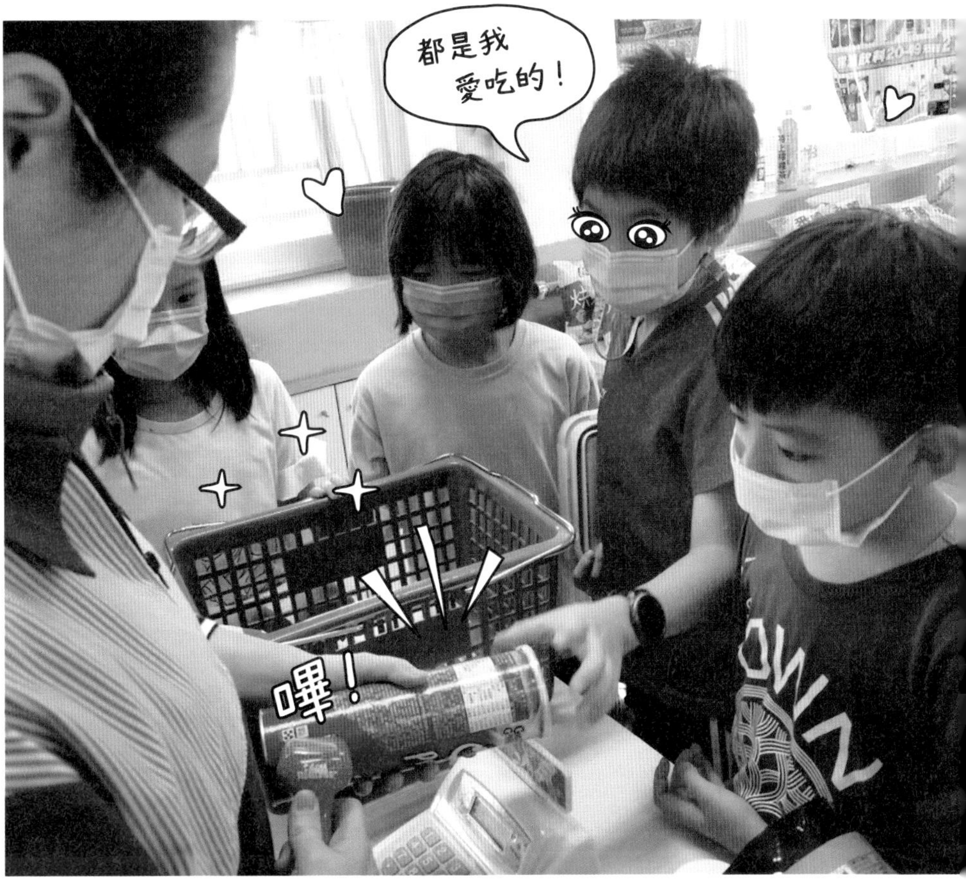

在台灣密集的城鄉聚落中，便利商店不只是家長們的好鄰居，更是小孩最親近的快樂天堂！雖然大多數的家長並不願意孩子常吃零食，但我們必須承認，連大人都難免抗拒不了零食撫慰人心的魔力……一味禁止孩子吃零食，恐怕並不是一個好方法。

如果可以讓孩子聰明的選擇相對優質的零食，學會消費前的停看聽，就可以增進孩子對食物成分的品味與認識。有了以上的共識，我們開始討論教案的設計與執行。

開店的準備工作

現實上無法帶所有的孩子全部擠進實際營運中的便利商店，最簡單的辦法，是直接複製一個便利商店到學校！首先我們募集了所有志工家長家中未開封的零食（種類不限）、各種已經食用完畢並清洗過的飲料瓶裝（材質也不限），還有玩具收銀機，也請家長們翻箱倒櫃找出來；全部大集合之後，跟附近的超商借用店內商品的店頭陳設：包含各種海報、立牌、促銷貼紙等。

在學校複製出的便利商店，會有還沒有開封的真零食，和已經完食只剩包裝瓶的飲料，另外我們親自到便利商店，挑選了各式各樣優質的零食點心；加上玩具收銀機、借用的店頭陳設、購物籃和店員背心……對了！還要先錄好便利商店的進出門樂音。運用這些道具與陳設，學校的便利商店就可以正式開張：歡迎光臨！

開放給小顧客的商店

孩子們進到這個意外的便利商店時，完全掩不住興奮和驚奇的表情，所有的小眼睛、小鼻子、小耳朵、小嘴巴，都充滿笑意。大家依照分組，拿著各組分到的代幣瘋狂血拼！不管是真的還是假的（真零食點心或空飲料瓶），通通裝進購物籃，再到櫃檯結帳。大家心滿意足的帶著戰利品，分組坐下，讓我們來看看大家買了什麼？

大家排好隊
慢慢走！

我最喜歡吃
這個！
你買了
什麼呢？

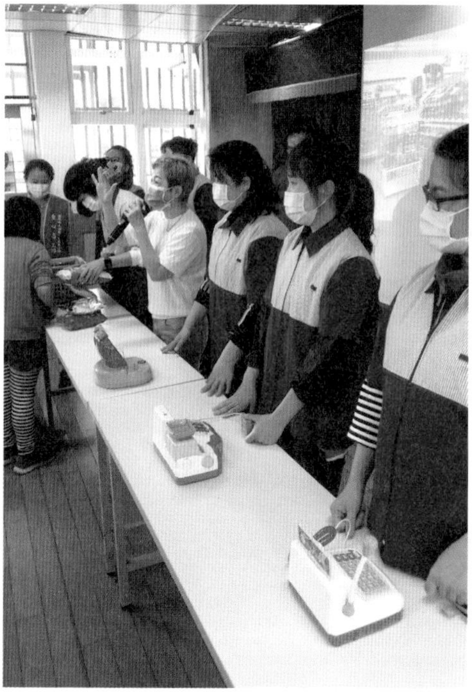

挑選零食的聰明策略

志工媽媽扮演的便利商店店長，透過簡報跟小朋友們分享，在讓人失去理智的美味點心戰場，如何聰明挑、健康吃？

首先，要仔細看包裝是否完整？有沒有在保存期限內？第二個重點是，成分原料要選擇簡單、項目少。所有原料的排序是依據含量多寡由高到低，成分裡面如果有很多看不懂的化學專有名詞，都是以化學結構的格式命名，例如食鹽，化學名稱叫做氯化鈉；常見的調味料味精，稱為「L－麩酸鈉」。另外麵包、蛋糕、餅乾等烘焙食品經常使用的小蘇打粉，化學名稱是碳酸氫鈉，在食品的法規上都必須一一條列出來讓消費者知道自己吃了什麼。因為不了解不熟悉，我們就會感到害怕，但是法律規範食品業者必須清楚標示，而我們詳細看過或是查找資料後，便可以自己選擇要不要吃這樣的食物；以健康的觀點來說，多吃原型食物、少吃加工品，可以避免食品添加物問題。最大的原則就是，這些零食不能取代正餐，熱量也許相同，但營養價值差很大！

再來認識含糖飲料的各種壞處，例如蛀牙、肥胖、長不高或性早熟，這些都是對小朋友成長發育期的危害。人的身體裡面有70％是水分，喝乾淨的白開水可以維持身體正常的運作，也把身體的廢物從小便和汗水排出。所以喝汽水、茶飲，不等於喝水；喝機能飲料可能會有咖啡因影響睡眠；喝蔬果汁可能會喝到稀釋的含糖飲料，純果汁的成分很低。流汗後，喝白開水最好；運動飲料中的電解質和糖分，主要提供高強度長時間的運動選手作為能量補充，例如馬拉松或是三鐵比賽時候才會需要，小朋友平日的體育課活動強度，只要喝水就很足夠，再喝運動飲料，裡面的糖和鹽也可能會變成身體的負擔。

查看營養標示的重要性

最後一個重點是營養標示。請大家注意「反式脂肪」，反式脂肪是利用加工技術製造出來的油脂形式，與天然的不飽和脂肪相比，反式脂肪酸可能更容易被儲存、而不是被代謝掉。長期攝取可能導致血脂異常、增加心血管疾病風險，還可能影響全身的發炎反應和胰島素敏感性，增加得糖尿病和心臟病的風險，因為危害太大，很多國家已經採取行動限制或禁止食品中的工業製造反式脂肪。消費者也被建議盡量減少食用含有反式脂肪的食品，如某些烘焙食品、加工食品和油炸食品。所以拿起商店架上的商品前，切記先檢查營養成分。反式脂肪的含量標示要是「0」，最好還要有「未油炸」、「不使用氫化油」、「不含反式脂肪」等安心標示。另外鈉含量也是重要的指標！攝取太多會導致高血壓與腎臟負擔，根據世界衛生組織（WHO）的建議：四至六歲的兒童：每天的鹽攝取量不應超過三克；七至十歲的兒童：不應超過五克。常常吃一碗泡麵、吃兩包洋芋片、鱈魚香絲、罐裝飲料，或是吃很多薯條蘸番茄醬都會吃到很多的鈉，有些東西吃起來不鹹，但鈉含量還是挺多的，所以需要提醒孩子注意包裝食品的攝取量。「鹽」多必失，對於健康有大大的影響。

課堂後的美好食光

如果便利商店對孩子們來說，是逃不開、躲不掉、卻又充滿誘惑的存在，我們就要引導大家學習認識，如何在便利商店適當的聰明選、健康吃！大家可以考考孩子們今天教的選購技巧，還有成分及營養的相關知識。這些或許可以作為日後家長為孩子挑選點心的參考！

最後，我們來整理一下便利商店挑選食品的重要祕笈：少油炸、少糖、少鈉、控制食用量；避免食用色素或咖啡因；以原型食物為主、低度加工、多新鮮蔬果。

學得用心，吃得開心

「哇！」小朋友們一邊比對著手中的零食包裝，一邊找到現場說明提示的各種關鍵字，大家一起討論判斷這包零食「很毋湯」、那包點心應該可以試試、這罐飲料怎麼這麼甜？還是選那罐沒有咖啡因，而且成分主要是天然的蜂蜜檸檬好了……。為了鼓勵所有的孩子認真學習，雖然剛剛買的商品只是道具，都要全數繳回（傷心），但活動的最後我們以浮誇的姿態，迅雷不及掩耳地拆開所有精選的零食點心！

「啊—啊—啊—」孩子們尖叫著，排好隊拿出自己的食具，裝滿不同的零食，心滿意足地好好享用！

沉浸的體驗讓學習事半功倍

讓孩子在充滿吸引力的便利商店，生動學習的效果果然事半功倍！但這個教案的執行，更要感謝好鄰居便利商店的大力支持！在晨光活動後，參加班級的導師，就帶著孩子們，到學校旁邊的便利商店「戶外教學」，更有臨場感的複習如何看商品包裝，並聰明選購。這個暖心的支持與贊助，贏得了我們全校家長以消費行動回饋，可以說是達到雙贏！

腦補畫重點

加工食品

食品科學加工過程讓食物更好的保存，我們可了解加工食品的定義與分類，依此聰明選擇。

❶**未加工或最少加工食品：**經過最少的加工，如清洗、去皮、切割、冷藏或冷凍。這類食品包括新鮮的水果、蔬菜、肉類、魚類、豆製品和牛奶。

❷**加工食品：**通過物理、生物或化學方法進行加工，以增加保存期限，或改善口味和外觀。這類食品包括罐頭蔬菜、果醬、魚肉罐頭和鹽醃食品。

❸**高度加工食品：**經過複雜的加工過程，可能包括添加多種成分，如糖、油、鹽、防腐劑、味精和人工色素。這類食品包括薯條、甜點、泡麵、冷凍食品和碳酸飲料。

❹**超加工食品：**這些食品通常是工業製造的，包含大量添加劑，如香料、甜味劑、乳化劑和其他非食品成分。這類食品包括速食、零食薯片、碳酸飲料和加糖的早餐穀物。

煮飯是一種加工方式、把黃豆做成豆漿也是一種加工方式；把小麥磨成粉，再做成饅頭，也是食品加工的過程，所以不用過度害怕或是妖魔化食品加工，而是不過度加工。

反式脂肪

主要是透過加工過程產生，這些不完全氫化油（PHOs）為食品中人工反式脂肪之主要來源。氫化過程會改變脂肪的分子結構，讓植物油在室

溫中從液體變成固體，也可讓油更耐高溫、穩定性和保存期限增加，但同時也會產生反式脂肪酸，如：氫化植物油、植物性乳化油及人造奶油等。只要商品標示：（部分）氫化植物油、人造奶油、人工奶油、植物性乳化油、反型脂肪、轉化脂肪等名稱，可能都含有「反式脂肪」。台灣在二〇一八年七月一日禁止使用不完全氫化油在食品中，這部分可以讓大家安心一些。

食品添加物

食品添加物主要是為了在製造、運送或儲存食物的過程中，能夠讓食物更安全，且不易變質的方法。這些可能是防腐劑、抗氧化劑等等，現在還有為了讓食物更好吃、更有風味、增加保水性、黏稠度等，而添加在食物中的化學合成物，這些添加物吃多了對身體並沒有好處。

開店指南

❶ **活動時間：**50分鐘。

❷ **複製便利商店的情境：**盡可能營造歡樂的購物樂趣，是執行的重點。

❸ **道具的蒐集與商借：**請努力尋找學校附近的便利商店，若能獲得支持協助，教案的執行就成功了一半。

❹ 可以反向在教案進行中，了解孩子們對零食喜好的口味或品項，活動結束後，提供給所有家長們參考。

教案協力：謝若妍
便利商店協力：萊爾富台科大店
執行與照片提供：公館國小食育志工
營養顧問：輔大營養科學系劉沁瑜教授

04

食物的天堂與地獄

食育關鍵字

#偏食 #空熱量 #飲食危機

餵養小孩是家長們的天字第一號任務！但是孩子在不同的年齡，會有不同的飲食喜好；也會因為不同的環境與群體，隨時改變不同的飲食習慣。孩子們的口味是最不可捉摸的懸疑推理劇！

家長應該有過這樣的經驗：孩子原本喜歡吃肉，但有一陣子變得不喜歡，這可能是孩子正處於換牙階段，因為咀嚼能力改變了，影響他們對肉類食物的喜好；纖維較多的蔬菜讓孩子咀嚼吞嚥困難，可能也是同樣的狀況。

另外我們也常常遇到小孩跟同學一起吃營養午餐時，會把在家裡視如敝屣的食物，奉為上賓般的珍饈——只因跟同學一起共食，便會集體燃燒出熊熊熱情，直接讓討厭的食物升級成美食佳餚。但也有可能燃燒的不是熱情，而是莫名的厭惡，大反轉的將營養好料變成暗黑料理。

表達對食物的喜好與厭惡

為了讓家長更了解孩子的味蕾喜好與情境設定，以便更進一步擬定戰略、破解謎團，孩子能夠透過食物的多樣性，避免偏食，均衡營養，才能健康成長。

因此我設計了一個「食物的天堂與地獄」教案，透過兩次的晨光時間，讓孩子清楚的表達，品嘗食物的各種感受、喜好或厭惡的具體原因，並且引導、訓練孩子使用不同的修辭，如譬喻、轉化，或誇飾等等，來形容食物或味覺體驗。

先提供根據網路調查，學童「最喜歡」與「最厭惡」的食物清單，來詢問同學們對各種食物的好惡、原因、具體感受、食用情境等。孩子們的發言，由志工家長即時的記錄在電腦中；被提出的食物，立刻書寫在大白板上。所有的孩子進行了大約半小時的討論，試著練習表達一日三餐不同向度的詮釋，最後我們讓孩子用不同顏色的圓點貼紙當選票，到大白板上所列出的各種食物，選出自己的天堂與地獄食物各一。

下一個是……
我猜是苦瓜！
韭菜
芹菜
長年菜
紅鳳菜
青椒

我最愛珍奶！
天堂食物
珍珠奶茶
Pizza
咖哩
薯條
薯條！
炸雞！

課堂後的美好食光

這首可愛的小詩，是孩子們話語的集體創作。希望鼓勵孩子多多發揮想像力，結合食物品嘗的能力，進一步發展自己表達的詞彙或比喻方式；更重要的是，體察自己與他人的食物喜好差異的標準和原因，也許可以因此顛覆對食物的好惡。

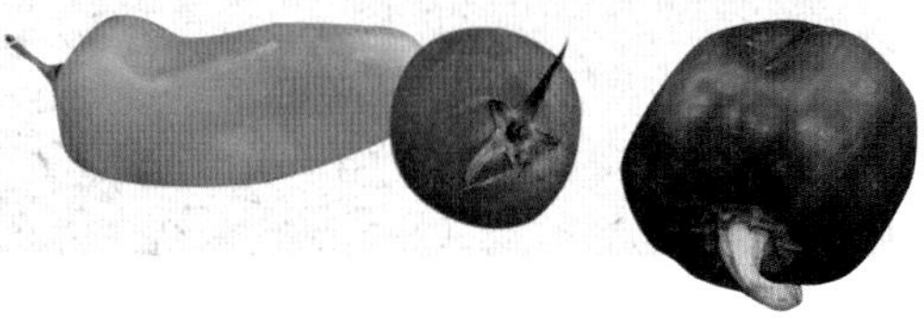

做出一道道創意料理

我們預計依據孩子選出的地獄食物，安排「逆轉勝任務」，分別由志工媽媽們討論設計，製作出以下的料理給孩子品嘗，並記錄孩子的反應：

- **珍奶QQ：**小朋友一喝就歡呼！這卻是利用新鮮水果搭配苦瓜打成汁，加入海藻萃取的多糖凝膠，喝了果然如同置身天堂！
- **梅汁苦瓜：**冰鎮苦瓜，搭配酸酸甜甜的梅汁醃漬入味。你一定很難相信，竟然這樣，孩子就輕鬆入口了！
- **焗烤茄子：**以各式香料調味，搭配濃郁乳酪重度焗烤，茄子華麗轉身，強烈吸引小學生！

- **蝦捲：**把逼人的香菜，巧妙融入蝦仁與豬肉的完美組合，煎香恰恰又酥脆，讓人不禁一口接一口！
- **青椒莎莎醬玉米片：**有番茄、青椒，紅綠相間好誘人！搭配黃色的玉米脆片，誰能抵擋熱情美味的呼喚?!
- **秋葵玉子燒：**柔軟滑嫩的玉子燒，捲入綠色的小星星，極度可愛的呼喚：「吃我！吃我！」

我們計畫用盲測的方式，讓孩子戴眼罩排隊試吃，並寫下自己吃到食物的答案。不妨期待答案揭曉時，看到每個孩子張大眼睛、驚訝的說：「不可能」、「不相信」的表情。可惜！因為突然爆發的疫情，志工家長們翻轉食物的地獄之路，還差最後一哩路！至於那些孩子們以為吃了就會上天堂的食物，該如何拆解並分析那些致命的吸引力？或許家長們可以選擇口味接近，但更健康安全的食物；也可以在合理範圍，投其所好作為鼓勵孩子的獎品。總之，這堂食育課，其實是為了讓孩子們在餐桌的發言被聽見，也讓家長了解孩子的口味偏好；所謂知己知彼，希望全家都有健康、享受、皆大歡喜又雙贏的共餐時光！（眨眼）

腦補畫重點

均衡營養

人體需要熱量，也需要多達四十種必需的營養素，才能維持身體健康。這些營養素包含在醣類、蛋白質、脂肪、維生素、礦物質和水六大類中，因此每一類食物都要攝取到，營養才均衡。

原型食物

原型食物是指保留了食材的原來樣貌、型態，沒有經過加工，而且沒有添加化學成分的食物。例如，洋芋片經過切片、油炸和調味，看不出原來的樣子，因此不是原型食物；而整顆的烤馬鈴薯則是原型食物。

食物的多樣性

我們從食物中攝取六大類營養素，但每一類並不是只有一種食物能滿足，例如蛋白質可以從肉類、雞蛋、豆類等食物取得。不同的食物含有的營養素也不同，例如深海魚肉含有豐富的蛋白質，同時也有鈣質、鐵質、DHA和優質的脂肪酸；而豆類有優質的蛋白質，更有膳食纖維及維生素。

天堂地獄路徑指南

1. **活動時間：**50分鐘。
2. **活動地點：**建議為有電腦投影設備和大白板的教室。
3. 這堂課其實是孩子們的集體創作加上家長們的互動回饋。傾聽並尊重孩子的想法，才能拉近彼此對成長中食物營養的認知距離。
4. 先真正認識孩子們的食物好惡，透過料理方式的變化讓孩子驚豔，之後討論食物多樣性的營養均衡，才有可能真正產生質量的轉變。

5. 引導孩子盡可能地表達對天堂與地獄食物的認定與感受，需要較有經驗的家長或老師來主導。現場至少要有一位家長負責文字記錄，同步呈現在電腦投影螢幕上，整合孩子們的發言紀錄，串接成一首集體創作的童詩，是這個教案最浪漫，也最讓孩子投入的部分。
6. 後續的地獄料理大變身，可依參與的志工家長或老師的料理方式，或食材取得來設計。

教案協力：謝若妍
執行與照片提供：公館國小食育志工

05

舌尖上的小火車環島旅行

食育關鍵字

生活的社會課

家鄉特產

島內深度旅行

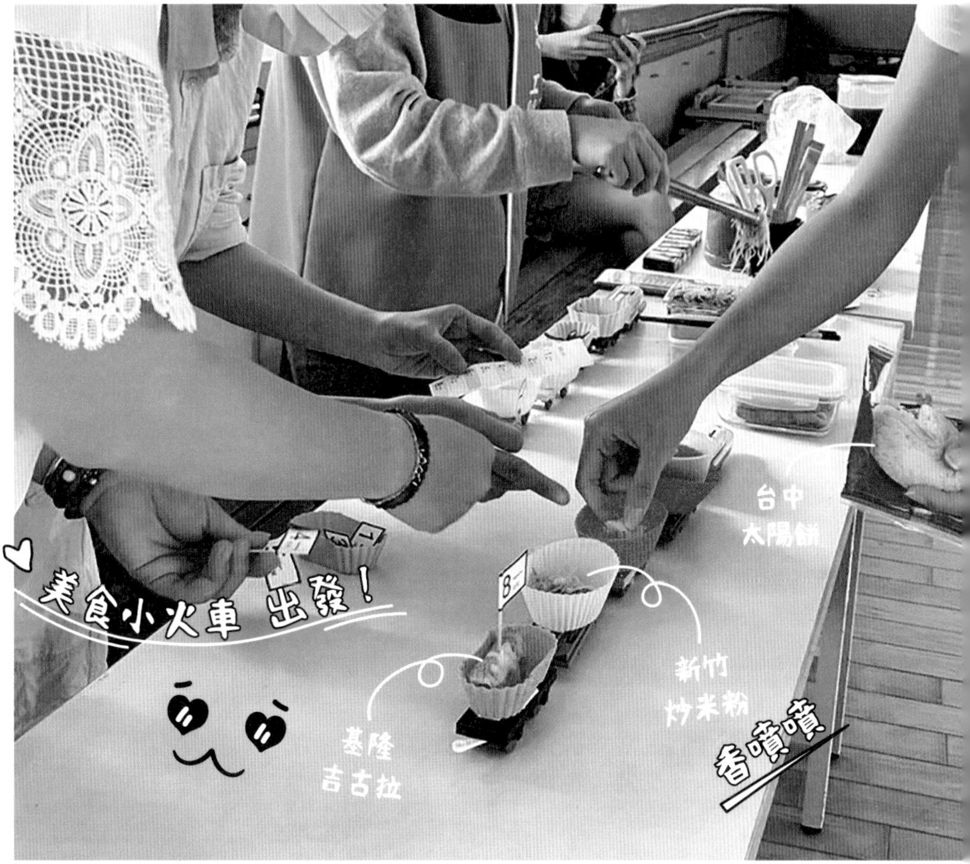

以前在某小學擔任說故事媽媽時，老師要求我除了講繪本故事，還要設計學習單，讓低年級的孩子在聽故事之後，能完成學習單上的題目或心得分享。這些大人用來檢視或評鑑孩子的依據，很可能成為扼殺閱讀或學習的凶器，所以當時我明快拒絕老師的要求，成為（自以為）最受小朋友歡迎的故事媽媽……

模擬逼真的場景讓孩子感受到豐富的地方特色

於是，我們邀請了四年級的孩子來到禮堂，禮堂中央地面擺放了台灣地形的環島小火車軌道。主持人先說明今天進行的遊戲規則，接下來小火車先開進最南端的高雄站；同時，禮堂前方的大螢幕，播放著火車進站的畫面，搭配環境音效，還有一位志工家長隱身幕後，分別以國、台、英語播送火車到站的訊息。緊接著扮演高雄站長的志工（天啊！居然還配備站長的服裝與大盤帽，好帥氣！），上場介紹高雄的區域故事、地景特色，還有因此而生的著名產物。

講完後馬上就來考考小朋友，剛剛介紹中的重點。答對小朋友的獎勵就是立刻吃到屬於高雄的特產食物。接著小火車會繼續開向下一站，孩子們跟著小火車環島一周，依序停留在不同的火車站，認真聆聽在地站長們（志工家長依自己的家鄉擔任站長）生動活潑的第一手介紹。

志工家長在學校扮演著生活素養的絕佳角色

每個孩子小手舉高高，都要回答問題，搶著爭取吃各地的風土食物。

答對小朋友的獎品是：高雄吃鳳梨乾（不是烏魚子哈哈）、台南喝冬瓜茶、台東吃洛神花蜜餞、台中是太陽餅、新竹炒米粉、桃園的客家麻糬（粢粑）、宜蘭的豆腐乳（配饅頭）、基隆的爆漿吉古拉（＋起司）……最後全體同學一起品嘗原住民的馬告豆干與風味冬瓜茶！

鐘響要回教室了！孩子們還在「哇！哇！哇！」驚奇讚嘆著不肯離開。大家趴在地上跟跑動的環島小火車拍照，所有設計教案、分配站區、準備各地特色食物、規劃小火車進出站動線、鋪設軌道、來回試車的家長志工團隊，雖然帶著疲累的黑眼圈，但是可以在孩子的童年學習，留下美好又幸福的記憶，我們可是忍不住沾沾自喜，並且回味再三……

好好玩指南

❶**活動時間：**50分鐘。

❷**活動地點：**建議室內，有電腦投影設備（可準備火車進站的背景影片，和各站風土介紹的相關內容）。

❸**火車道具：**好夥伴理科媽媽，使用小朋友的玩具火車組合軌道（包含直線與轉彎），排列出環島的火車路線。徵求志工伙伴的支援，永遠是最好的方式！

❹**小火車路線規劃：**建議路線區隔為上行與下行，輪流切換、開動兩列不同向的小火車，方便在不同的停留站上下貨（不同地區的特產）；更能營造場面的豐富性、趣味性，鎖定孩子們的目光。

❺假設預計介紹八個城市或區域，可以依活動時間（扣除開場與結尾），平均分給八站站長，方便站長們準備介紹的內容與時間控制。

❻第一次執行教案時，站長與不同語言的播音人員，都是由家長擔任。但之後就可以結合社會課教學，訓練由小朋友擔任站長與不同聲道（國、台、客、阿美族語和英語）的播音員（播音內容可參考台鐵的火車到站廣播）。

❼若要配合社會課的教學，本教案適合實施的對象為四、五、六年級的孩子。

教案協力：王雯怡、何欣怡、鄭淳怡、謝若妍
執行與照片提供：公館國小食育志工

因此我們以世界各國慶祝新年的食物，來迎接挑戰。透過繪本《Shante Keys and the New Year's Peas》先跟高年級的孩子講故事：

「美國的一個黑人家庭，正在準備過新年。家裡的奶奶忙著準備豐盛的料理，而且是每次過年全家一定要吃的各種食物。忽然奶奶想起居然忘記買最重要的黑眼豆豆……不得了！新年沒吃黑眼豆豆，可是會招來一整年的壞運啊！奶奶趕緊要小孫女去跟鄰居商借調度。」

用異國新年習俗體驗節慶氛圍

首先我們先給孩子們補充說明：美國過去的黑奴時代，每當歲末主人殺豬來歡慶年節時，黑人奴隸會把主人不吃的豬腸變成好吃的腸子料理（Chitlins），還有烤火腿（Baked Ham）一起上桌；黃澄澄的起司通心粉（Macaroni and Cheese）與玉米麵包（Hot Cornbread）象徵著黑人家庭鍾愛的黃金，不能少的是綠色蔬菜（Greens），因為跟美金鈔票的顏色不謀而合！（這些食物的英文單字，適合中高年級的孩子學習。）

而最重要的主菜黑眼豆燉豬肉培根（Black-Eyed Peas with Pork），為什麼絕對不能少呢？原來豆子的英文peas跟和平peace有相同的發音，如果沒吃到peas，來年就沒有peace，可真是非同小可啊！

所以奶奶著急地讓小孫女趕緊出門，找好鄰居們調貨！但民族大熔爐美國的住民，很多都是來自不同國家的移民，如來自中國的鄰居，過的是農曆新年，吃的食物是像金元寶一樣的水餃（Dumplings）；開雜貨店的蘇格蘭人阿伯說，他們吃的哈吉斯（Haggis），是把各種羊內臟，加

PASSATA di
POMODORO
培根
黑眼豆
洋蔥

上蔬菜煮成的大雜燴，全部包在羊肚裡，或可以稱為羊雜碎小肚；至於開墨西哥小餐館的老闆說，因為受西班牙殖民的影響，慶祝新年的方式，就是要在跨年鐘聲十二響時，每敲一聲就吃一顆葡萄，總共要吃十二顆（而且還要搭配敲玻璃的聲響），就能帶來十二種不同的祝福和好

運；小女孩也找到她最好的朋友、一位印度同學的家，想要向他借豆子，但是印度人的排燈節（Diwali），是在每年的十或十一月中，舉行點燈或點蠟燭，持續五天，相當於印度的新年，親友們還會互相拜訪，一起團圓共享各式糖果甜食（Sweets），比如牛奶糖和米做成的米布丁，還有用煉乳和糖做成的菱形糕點。

用食物主題延伸學習世界地理和歷史文化

哎呀！真糟糕，到處都找不到黑眼豆！時間愈來愈急迫，小女孩突然想到住在附近的阿姨。哈哈！同樣是黑人的阿姨，家裡有好大一包的黑眼豆，女孩趕緊打包帶走，還不忘邀請阿姨，等等要來家裡一起享用豐盛的新年晚餐！

因為女孩努力奔走找到豆子，讓全家可以圍

坐在餐桌，一起享用屬於黑人家庭的「靈魂食物」，特別是代表Peace的peas，希望來年大家都有平安的好運氣！

透過這個繪本，初步讓孩子了解過去的黑奴歷史，以及現在黑人家庭的飲食文化；也透過故事情節的開展，搭配大螢幕秀出的世界地圖，分別跟孩子們介紹來自不同國家的不同鄰居，相關的地域性飲食習慣與傳統習俗，並且補充了繪本故事裡沒有提到的：比如越南人新年期間，一定要吃的方形粽子；韓國人喜歡在新年吃年糕湯；日本人吃蕎麥麵；俄羅斯人吃餡餅等等。

透過孩子們最有興趣的食物主題，置入了知識性的世界地理、歷史、文化等內容，除了精神上的充實，我們當然也要滿足認真學習的孩子們的口腹，所以在晨光時間的最後，我在現場示範了與peace諧音的peas料理，材料包含了豬（或牛）絞肉、洋蔥、番茄、西洋芹（或其他適合燉煮的蔬菜），還有最重要的黑眼豆，以及月桂葉、胡椒、煙燻紅椒粉、肉豆蔻、丁香等各式香料。我們在現場簡單的示範料理食材與步驟，其實需要時間燉煮的豆子料理和白飯，前一天已經做好；現場就讓期待已久的孩子們拿出餐具分食（疫情期間改為事前料理分裝好，孩子帶回班上在自己的隔板桌前享用）。

在孩子們全員快樂的享用豆子飯時，志工準備了英文版新年「東西南北好運摺紙」，讓大孩子們以趣味性的遊戲占卜來年運勢——這就是屬於學校孩子的歲末團圓與新年祝福！

腦補畫重點

飲食文化

飲食文化是有關人類飲食活動的內容，以及衍生的各種表現形式。隨著人類物質文明與精神文明的發展，不斷進化得豐富與多樣。全球化的浪潮下，在地的飲食特色卻突出而彰顯，然後又形成區域間的交流融匯，讓飲食的傳承與散布更加無遠弗屆。

靈魂食物Soul Food

非洲裔美國人盛行於美國南方的料理方式。跟過去黑奴時代的管理方式、工作型態、經濟狀況，與居住環境有關。會使用大量蔬菜及豆類，燉煮內臟、豬腳與鹹肉，或裹上玉米粉後油炸。透過這類食物，慰藉辛苦的勞動與受傷的心靈。

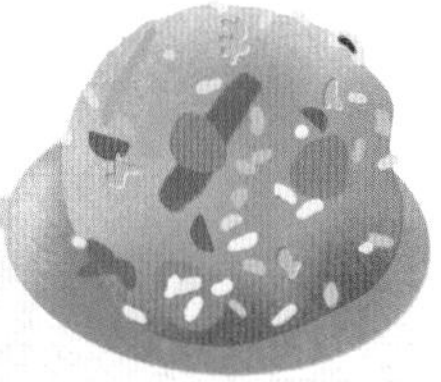

課堂後的美好食光

課堂後的美好時光，其實來自於我在備課階段，先在家裡試做黑眼豆燉豬肉培根。參考食譜後，希望盡可能（包含食材與香料）完全複製、精心烹調的異國風味料理。結果一端上桌就被羅氏姐弟二人無情的驚呼：「這什麼鬼？」我只好利用機會，把這道料理的來龍去脈小故事講一遍（順便演練教案），然後建議他們試著把陌生的料理加入白飯，想像這是很酷的「嘻哈風」滷肉飯（笑）！沒想到挑剔的羅氏姐弟一試成主顧，所以在教案執行時，才會加入在地化的「黑眼豆燉豬肉培根配白飯」的組合，果然孩子們一口接一口！（遞碗還要）

台灣節慶料理

台灣傳統的節慶中，有許多特色的料理，比如清明節吃潤餅、鼠麴粿；端午節吃粽子；中秋節吃月餅；尾牙吃刈包；過年吃長年菜、菜頭粿、發糕；家有喜事吃紅龜粿等等……不同的族群也各有不同特色的傳統節慶料理。

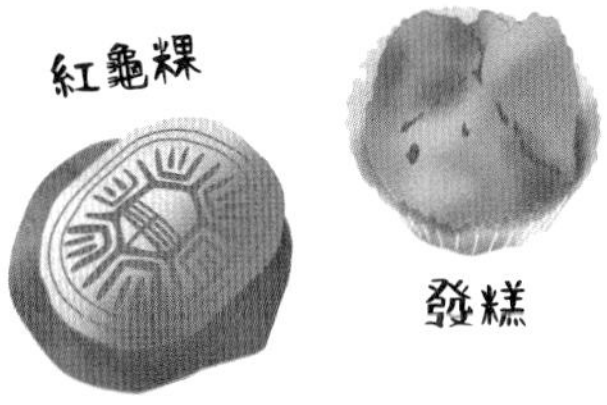

好好玩指南

❶**活動時間：**50分鐘。

❷**配合節令：**本教案可以在跨年前夕或寒假開始前（農曆年前）實施；教案使用的英語繪本適合四、五、六年級程度的孩子。

❸如果學校有家長來自異國，也可以特別邀請孩子或家長，來介紹自己國家過年或節慶時的特色料理。

教案協力：鄭淳怡、王雯怡
執行與照片提供：公館國小食育志工

07

校園小廚師爭霸戰

食育關鍵字

#健康烹調

#色香味

#米其林小廚師在我家

台北市區蟾蜍山下的小學校，多年前因為學生人數太少，經歷過廢校或縮減教職員人數的危機，但也因此校方導入了有共識家長的參與，在晨光時間配合老師，為不同年段的孩子，設計各種食育活動。

前幾個篇章介紹的情境學習活動：便利商店的零食選擇、成分標示，認清對食物的好惡迷思；透過小火車環島旅行，介紹區域風土特色與季節性農特產品；我們甚至布置出一個活跳跳的菜市場，讓孩子學習採買！

有了以上的基礎，我們決定讓孩子們透過實作，來呈現過往累積的知識與能力。於是，讓孩子組隊上陣的料理比賽教案誕生了！

小小廚師養成計畫開始

我們計劃以一個學期、分三階段來鋪陳這個系列教案。

首先是介紹料理比賽的主題：「健康美味護眼料理」。透過促進視力保健的營養素，如維生素ACE、DHA、葉黃素、胡蘿蔔素、花青素等，然後在各種食材中找出富含上述營養素的益眼食物，比如蛋、魚（特別是鮭魚和鯖魚）、堅果類、牛奶、優格、胡蘿蔔、柑橘、檸檬、各種深綠及深黃蔬菜等等。哇！這麼多知識含量的活動，小朋友的吸收能力吃得消嗎？別擔心！緊接著，志工媽媽大廚分別以煎、煮、炒、炸、烤等不同的料理方式，現場示範。

主題是：健康美味
護眼料理！

上菜包含菜名、食材、烹煮方式如下：

- 三色蛋／玉米、胡蘿蔔、蛋（蒸）
- 南瓜燒肉／南瓜、豬肉（煮）
- 枸杞絲瓜／枸杞、絲瓜（炒）
- 美乃滋鮭魚／鮭魚（烤）
- 酥炸南瓜絲／南瓜（炸）

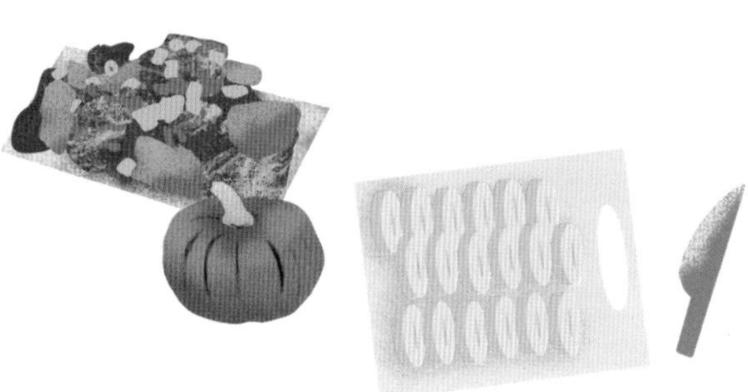

- 煎山藥╲山藥（煎）
- 番茄照燒香煎豆腐╲番茄、豆腐（煎）
- 鮮蔬香香雞塊╲雞肉、玉米、胡蘿蔔（炸）
- 咖哩雞╲胡蘿蔔、綠花椰、雞肉（煮）
- 雙花蒜炒蝦仁╲雙色花椰、蝦仁（炒）

前面的護眼食材只是暖身，媽媽們現場示範，把健康的護眼食材，變成美味料理，讓大家品嘗護眼料理的滋味和常見的烹煮手法，之後就可以發派任務嘍！

透過分組進行競賽訓練孩子規劃煮食步驟

第二階段將孩子們分組，由志工家長帶開，透過分組討論，一起設計出各組的完整護眼菜單。菜單配置有主食、菜、肉、湯與水果等，透過繪圖與文字說明呈現，並標舉出各組下一階段的示範料理。每組示範料理的所需食材清單、鍋具與調味料等，也必須在本次活動中確認提出。

終於，我們迎來了眾所矚目的校園小廚師爭霸戰！孩子們有模有樣的穿戴起廚師圍裙，磨刀霍霍，不是！摩拳擦掌地站在料理檯。依據事前提出的需求，家長們募集、準備好各組的卡式爐、鍋具、調味品和盛盤餐具，我們也在比賽開始前公布評審辦法與獎項。

比賽辦法說明

- 比賽場地（穿堂）：分為食材區、備料區、料理區、盛盤展示區。十組參賽隊伍先至食材區取得正確且適量的食材，然後再到備料區切菜，至料理區料理烹飪，最後到盛盤展示區完成作品。

- 時間：比賽共計時30分鐘。選手按鈴即表示完成。
- 評分標準：評審依各組的「全菜單設計」、「護眼食材使用」、「營養配置」、「衛生標準」、「料理技巧」、「作品完成度」等六項原則來進行評比。
- 評審團成員：校長、學務主任、廚師阿姨、兩班家長各一、食育志工代表。
- 獎項：選出米其林五星、四星、三星、二星、一星等前五名；另頒發評審團獎：包含最佳團隊獎、最佳創意獎、美得冒泡獎、天才小廚師獎（由廚師阿姨推薦）、媽媽味獎（食育志工媽媽推薦）。

實踐是生活素養的最佳方式

比賽開始！所有小廚師們必須限時內眼明手快、按部就班、下料精準、融合調味、美感擺盤。只見孩子們有的手忙腳亂，有的揮灑自如，有的小心謹慎，有的緊張失控，有的默契十足，有的鬥嘴內鬨……最後一分鐘的倒數，果然驚心動魄！但是令人驚喜的是，每組都順利完賽並且端出令人食指大動、色香味精彩成品！

原本以為評審們會有挑剔的毒舌評論，竟然都被孩子們真心灌注調味的料理所征服。試吃討論後，取捨間公布獎項如下：

★不康寶玉米濃湯（米其林四星）

★香煎鮭魚（團隊合作獎）

★三色蛤蜊湯（美得冒泡獎）

★秒殺咖哩雞（米其林二星）

★馬鈴薯燉肉（米其林五星）
★秋刀魚的滋味（廚房阿姨推薦獎）
★酸甜番茄炒蛋（媽媽味獎）
★恰恰鮭魚（米其林三星）
★什錦蒸蛋（最佳創意獎）
★深奧燉牛肉（米其林一星）

有了第一次的校園料理比賽的經驗，我們再接再厲的繼續為其他年級的同學們，分別舉辦「大人不在家系列」之創意「炒飯大賽」、「炒泡麵大賽」以及「早午餐挑戰賽」……當然這些令所有孩子難忘的比賽，都是發生在沒有疫情的那些年！

課堂後的美好食光

雖是人人有獎，但最被鼓舞的其實是家長，因為孩子在學校學到了課本以外，重要的生活技能與品味素養。透過累積的食育活動，試著配製設計菜單、實作練習，並完整呈現。縱使有亂七八糟的結果要善後，或是失敗的步驟與成品要忍耐，但最終看到孩子們帥氣的完成料理、回家誇張的分享過程，甚至週末要占領家中廚房，重現完美（？）的廚藝……

腦補畫重點

常見的料理方式

煎、煮、炒、炸、蒸、燉、烤、紅燒等，家中常見的料理方法，通常烹調的時間愈久、程序愈繁複，卻愈容易造成食物的營養素流失。其實簡單清淡的烹調法，反而能留住更多營養美味，還不會增加多餘卡路里，造成身體的負擔。

食物種類

六大類包含穀物類、水果類、蔬菜類、油脂，肉、魚、蛋及替代品，奶類及替代品。一般在家庭料理中，應多選擇新鮮的肉、蛋、蔬果、根莖類等食材，不但營養多元、高纖、精製糖含量低，減少熱量與不必要的添加物，多吃能讓孩子健康成長。

料理賽指南

❶ **活動時間：**60分鐘。

❷ 比賽時，每組須安排一張料理工作長桌，配備料理器具：如菜刀、砧板、調味料（油、鹽、胡椒、醬油等基本款）、卡式爐和鍋具等。如需特殊的料理器具，可依事前提交的料理需求清單另外準備。

❸ 食材區也是依照事前的菜色清單，分組配置。另外可多準備一些擺盤（如香草類裝飾）或百搭的素材（如色彩豐富的食材），提供給參賽的小廚師發揮創意，隨機增減於料理中。

❹ 通常會透過班級或家長會，募集所需的料理器具。記得要請提供者貼上姓名貼，最後才不會張冠李戴，而能物歸原主。

❺ 通通有獎不可恥，但會讓大家笑呵呵的帶著信心，期待下一次做料理！

教案協力：謝若妍、徐代敏
執行與照片提供：公館國小食育志工

08

山上的小廚師（上）

食育關鍵字

#偏鄉小校

#貓爪式切工

#冰冷的物資

#有溫度的陪伴

#長高長壯

除了都市裡的校園晨光時間，我們也想陪伴偏遠山區的孩子們，一起度過生動有趣，並且可以應用在日常生活的學習時光。

在有限的資源下擬定食育教學計畫

第一年的教案，是到各校教孩子們做料理。看似直球對決的設定，其實有著非常多的細節要處理。

首先要決定料理老師，我們邀請了專業的主廚和家庭料理達人，依照季節的當地風土特色，設計教學菜單，而且食材必須是在山上或山下城鎮的大賣場容易取得的食材，特別是部落中心的雜貨店，或是山上人家自己種植的作物。必須事前做好調查，依照節令，將食材清單提供給老師們，作為構思菜色的參考。對於老師們來說，複雜的廚藝難不倒他們，倒是各種有限資源下的發揮，才是最大挑戰——而且還要是孩子們愛吃、容易上手、回家能夠複製並端上桌的菜色！

然而真正的大魔王，是一大早出發後，經過九彎十八拐的山路到了教學現場後的疲累，還得打起精神面對活力四射、火力全開的原民孩子——雖然都是學生人數只有二十到五十人的小校！提醒自己要抓緊孩子們的黃金專注期：經過多次的血淚經驗，發現要眼明手快的教完兩到三道菜，然後讓躍躍欲試的孩子分組實作練習，才能真正出師。

讓孩子從自學中培養自信

我們必須準備好分組演練的所有食材、爐具，與相關器具，讓小廚師們可以從洗切開始練習。我們提心吊膽的看孩子學貓爪式拿刀切菜，再到手持鍋鏟自信揮舞，一個個有模有樣的小廚師，讓教室變成了不再只是上課的場所！他們在校園的開放廚藝教室裡，展現了孩子的天分、能力與自信（這是最重要的）；從老師示範的料理過程中，學會了基本功，其他的變化式，就讓小廚師們回家親自掌廚，讓家人驗收品嘗嘍！

把菜市場搬進山上的學校

第二年的教案，我們希望讓孩子們更近一步的認識食材，以及食材源自的風土。特別是復興山區，當地許多當令的優質農產作物，可以讓小廚師們就近利用；在產季中，挑選盛產且價格合理的食材，減少碳里程，這就是吃「著時」的核心價值！

於是這一年，我們把菜市場搬到山區的七所學校，將果菜分為葉菜類、根莖類、花類、果實類、全穀雜糧類（因為食品衛生的考量，生鮮魚肉類無法納入）。接著尋找桃園地區在地（含復興山區）的小農，提供生產品項清單，並搭配台灣其他地區性的指標農作（比如產季時，會有屏東的洋蔥或雲林的馬鈴薯）。在活動當週，先決定好在學校菜市場販售的菜單，並提前製作出任務單，羅列各分類下的品項，在活動前一天由學校老師發給孩子們——可以帶回家和爸媽討論、若有住校的孩子或家長不在身邊的，也可以跟老師討論。

活動當天，滿載蔬菜的貨車到校後，就可以布置出一個活跳跳的菜市場。不同的菜裝在菜籃裡，在長桌上排成一整排；每種菜都有不同的老闆和老闆娘負責秤重叫賣。可別小看我們的菜販們，他們都是在山下募集，來自各行各業的熱血義工。

請孩子們事先準備好環保袋，活動開始時，我們先跟孩子介紹今天菜市場的產品履歷（包含產地分類、無毒或有機栽種等）；還要介紹秤重的方法（台斤與公斤的區別、傳統秤與電子秤的使用）；以及介紹所謂的「醜菜」——雖然賣相不佳，卻是自然條件下的產物，口感與營養也許更甚，值得小廚師們惜物愛物。其實很多孩子們的家中，也都有種菜、種水果，可以留一點時間給孩子們，讓他們分享對農產品的認識與經驗。

最後，我們將買菜使用的兩百元代幣發放給孩子，讓大家使用代幣以市價買菜！所有的孩子都是第一次自己上菜市場買菜，大家好興奮！整個復興山區沒有菜市場，最多只有部落裡的雜貨店或是定期到訪的菜車。孩子們瀏覽、選擇並光顧每一個菜攤；有的要排隊、有的老闆會考算數（菜價的加法或乘法），還有的闆娘會告訴你怎麼煮你買到的菜。菜市場收攤前，孩子如果加碼唱一首原住民歌謠，搞不好還會獲得優惠價！

土地與人的價值是陪伴孩子長大的力量

當大家提著滿滿的戰利品結束採購，最後我們利用當天販售的食材，當場示範一道菜色，讓所有的師生品嘗，大家便可以把食材帶回去複製。活動在大家快樂採買，又加碼口腹之慾的滿足後畫下句點。所有前置的辛苦籌備、招兵買馬，以及當日的手忙腳亂、汗水淋漓，都瞬間消失殆盡。只留下所有被充分取悅的童稚歡顏，印記在所有人的腦海中。

不只孩子們學習買菜，我們也感受到山上學校的用心安排。比如某次母親節前夕的羅浮（國小）菜市場：所有的孩子們都裝上一個大肚子

（衣服掀開是顆氣球、或是前背的書包）。看著孩子挺著大腹便便，提著裝滿蔬菜的籃子，然後辛苦的走到一旁緩緩坐下，大人們卻都沒有同情心的忍不住笑出來……幸好，他們還有長長的人生值得期待與改變啊！

第二年的小廚師教案，就在上下學期依不同的節令，而有了不同風味的菜市場——分別在復興區的七所學校實施。所有曾經一起當老闆和闆娘的各方義工們，謝謝你們以親切的互動、貼心的關懷，讓孩子體會溫暖、慷慨與分享的能量。山上的小廚師們，透過與大人們的真心交流找到自信，並且建立正面看待土地與人的價值，才是陪伴他們長大最重要的力量！

課堂後的美好食光

某次下山的路上，工作夥伴們都累癱到睡著了，但當天的料理老師Dana游育甄突然說：「孩子們會記得這些料理嗎？」我說：「很難說喔！但那個很靦腆的小男生，長大之後肯定會變成一個大帥哥。某天的此刻，也許他會突然想起來，曾經有個很厲害的老師，教他怎麼以滑刀切番茄，然後他就決定，等等煮個好料，跟他心愛的人一起享用……」

聽著我編的夢幻偶像劇情，老師笑出來！然後說：「這樣也不錯啊！」最戲劇化的是，說著、說著，遠方居然出現了一輪巨大的彩虹，一路追著彩虹，我們往前方的城市開去……

腦補畫重點

食物里程

農畜產品從生產地到消費者購買地所運送的距離。里程高表示食物運送過程漫長，沿途使用交通工具消耗的汽油和排放的二氧化碳，會增加暖化對環境造成衝擊。

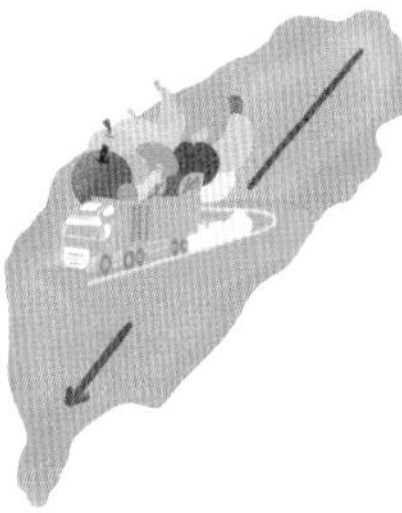

著時

當季、符合節令；在飲食指的是當季自然熟成的食物。著時的食物，順應氣候生長，成熟飽滿富含營養，格外美味可口，也經濟實惠；不同的季節變化，選擇不同的當季農產，在對的時間吃對的食物，是最健康聰明的飲食！

醜菜

不符合傳統的審美觀、賣相不好的醜蔬果。過去這樣的農產品，常常因為外表而被嫌棄、甚至丟棄。但其實醜蔬果的內在品質和營養價值等，都不遜色。如果只因外表奇特扭曲，或不符規格，而被浪費成為剩食，就太可惜了！可以試著以「惜食」的角度，挑選價廉物美的醜菜，改變原本失寵醜菜的命運！

教案協力：富邦慈善基金會
特別感謝料理老師：毛奇、王嘉平、海裕芬、袁櫻珊、陳志煌、陳彥任、番紅花、游育甄、游惠玲、蔡珠兒、韓良憶、瞿欣怡、簡國書、蘇彥彰

09

山上的小廚師（下）

食育關鍵字

#孩子是主角

#團隊合作

#山林間的閃閃發光

經歷了兩年的陪伴、學習，桃園復興區七所學校的小廚師們，已經可以利用山上容易取得的食材，做出營養健康的料理；還認識了當令的風土農作，學著採買新鮮乾淨又百搭的蔬果。第三年我們不滿足於單次的學習進度，而以連續性的研修，設計規劃完整的教案與活動。

「小廚師的盛宴」是第三年的主題，希望孩子們透過整學期的討論參與，還有實作練習，最終呈現出屬於自己的主題趴。比如位於羅馬公路上的奎輝國小，他們選擇以「兒童節」發揮，並延伸到學校的課程。我們利用鄉土或其他相關科目的時間，先幫大家分成廚房組、場佈組、接待上菜組，還有表演組；即使山上學生人數很少，也希望孩子們能依照自己的興趣能力，選擇適合自己的組別。每校都配置一位主廚導師，先與所有的孩子們一起討論整個盛宴趴的活動方向、喜歡的菜色，甚至可以許願——當然天馬行空的討論，最後大家都會共同收攏為可以執行的內容，而這樣的交流，其實是所有孩子最務實的學習。

讓孩子直接參與活動規劃

當活動的內容初步達成共識之後，再依不同的分組帶開。比如廚房組，就由主廚與孩子們確認菜單與操作的流程準備，包含小廚師們的廚藝練習和菜色分工與補位；場佈組也安排專業視覺設計老師，引導孩子們發揮創意，一起構思盛宴現場的氛圍與布置概念，還要注意現場的動線安排，讓孩子們盡量使用現有的資源，加上部落的素材，親自動手畫、動手做——其實這是山上孩子最拿手的天賦！

小廚師們端出了自己決定並學會完成的澎湃菜色，包含菇菇濃湯、兔兔胡蘿蔔絲＋脆脆小黃瓜＋香甜玉米與打到手酸的自製蜂蜜芥末醬做成的彩色沙拉、濃郁咖哩醬搭配炭烤豬肉等。供全校約五十名師生，一起在最開闊的美麗操場享用露天午餐。

大家大快朵頤之外，還要笑著為表演的同學們歡呼喝采。最後，我們邀請主廚導師帶領掌廚小廚師們出場接受大家的掌聲——沒想到主廚居然板著臉，拿起麥克風表示不滿意！辛苦出菜的小廚師垂頭喪氣，可憐兮兮……

負責場控的我，此時也配合要求所有人轉頭接受處罰：請看緩緩駛入的冰淇淋車！

哇，戲劇性的翻轉夠刺激了吧！小廚師們，這是為最棒的你們準備的兒童節驚喜啊！聽到彼時山裡傳來孩子們的尖叫聲了嗎？所有的孩子與老師們都被我們矇在鼓裡，驚嚇後大家開心的在冰淇淋車前排隊，看著大家忘我的舔食冰淇淋，在陽光下燦爛無比的笑鬧著，所有的辛苦奔波、燒腦傷神，全部煙消雲散，因為山上的小廚師你們值得！

隨著疫情逐漸解封，我們在其他各校，也分別完成了不同主題的盛宴。每一場耗盡心力、反覆修正的前導討論與試做，都是為了迎接美好成果展現時，必須經歷的揮汗過程。最棒的是，我們陪伴孩子們經驗了挫折失敗，累積了不放棄的努力，為了可以在美好的餐桌上，專注的共享澎湃食物的溫暖與滋味，以及珍貴的純粹、歡樂與喜悅！

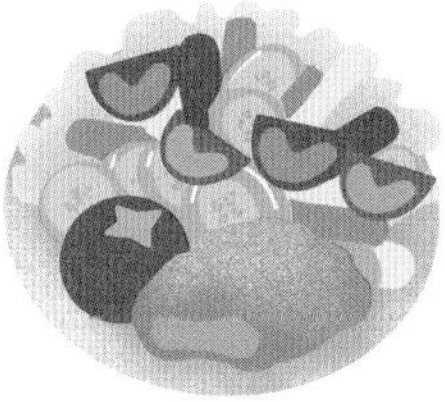

那一年我們完成的七場華美澎湃的盛宴：

- 奎輝國小兒童節盛宴（主廚導師：蘇彥彰）
- 羅浮國中媽媽的下午茶（主廚導師：陳撫洸）
- 義盛國小畢業生歡送餐會（主廚導師：施捷宜、施捷夫）
- 長興國小獵人野餐（主廚導師：游育甄）
- 霞雲國小泰雅傳統食物趴（主廚導師：蘇彥彰）
- 三民國小耶誕感恩趴（主廚導師：游惠玲）
- 羅浮國小跨年歡樂倒數趴（主廚導師：王嘉平）
- 各場場佈指導：陳俊言

教案協力：富邦慈善基金會

10

米田芳貢貢

食育關鍵字

#行動餐車

#拜託了冰箱

#米食文化

#米製品

過往只是用來交通運輸的貨卡車，隨著改裝需求與技術的大躍進，愈來愈多的餐車，穿梭在城市或鄉村的人潮匯聚處，開啟趣味又新奇的營業模式。如果移動的餐車也可以去到偏遠的學校，不只是做好吃的食物，還可以讓孩子們學會什麼嗎？

營業用的餐車就是生財的器具。依需求客製化改裝後，就能出餐販售。而翻山越嶺的食育餐車，當然也可以變成一個行動廚房，讓偏鄉的孩子透過浸潤式學習，身歷其境後，回家才能如法炮製。經過與有豐富經驗的餐車改裝團隊多次討論、修正，並測試之後，全國第一台行動食育餐車，正式啟動上路！

為了吸睛，餐車外觀顏色是鮮亮的湛藍。開在山區蜿蜒的路上，跟燦爛的天光相互映照，成為讓路人微笑的美麗風景。

行動食育餐車小小廚房，五臟俱全

我們特別選在孩子們上課的時間，小心翼翼地開進校園。盡可能趕在下課前，打開餐車，做好一切前置準備後，趕快再把餐車的門關上。下課時間，孩子們一個個湊近，圍在車子旁邊轉圈圈，好奇的問題此起彼落……不過不論什麼問題，夥伴志工們全都笑而不答。

等到活動正式開始，請校長來到餐車旁，按下神祕的按鈕，搭配氣勢磅礡的音樂，餐車尖尖的車頂緩緩打開——像變形金剛大變身般，伴隨孩子們自發的掌聲、讚嘆、尖叫聲。餐車超展開地呈現了一個小巧可愛又五臟俱全的廚房，包含常溫食材置放櫃、冰箱、電鍋、廚具、流理台與水槽。圍坐在車前的孩子們像可愛的小狗狗，露出期待的眼神與舌頭（並沒有），催促著餐車下的瓦斯爐，該準備開火嘍！

富邦慈善基金會
SAKURA

最簡單也是最有家的味道

最後全部小朋友要學做兩款簡單的飯糰：「鬆一鬆飯糰」和「喇一喇飯糰」，都是用現成的食材與白飯（剩飯也沒問題），混合揉捏即可完成。小朋友的小手也方便操作，適合當早餐或是放學點心。孩子們現做現吃，每款飯糰都有擁護者。

等等，還有啊……

另一邊餐車上的電鍋跳起了，活動開始就先示範的一鍋炊飯煮好再燜一下，也熱呼呼的等著孩子們來試吃。老師們這次就別再忍了，帶著湯匙一起加入吧！香氣四溢又營養飽滿的一鍋炊飯端出來，誰還要講武德呢？（笑）

以「台灣米」為主題的食育活動，不但讓孩子們全方位、深入的認識台灣米，更讓孩子透過實作，用自己的五感來體驗、品嘗米飯的滋味，學習搭配常用的當令食材，變化出屬於自己或家庭的味道。

我以為教偏鄉的小朋友，利用方便的食材做料理、模擬上菜市場買菜並認識當令食材，以及透過食物與節慶的結合，辨出精彩感人的主題派對之後，「江嬸」才盡的我還有什麼神奇的靈感來源嗎？

天上掉下來的禮物，居然是來自裕隆集團「幸福輪轉手」公益永續計畫。原本冰冷的交通工具，變身成為有溫度、有美味、有歡笑、有人氣的載具，開進孩子充滿期待的童年記憶！

課堂後也可以練習

飯糰食譜 —— 鬆一鬆飯糰

食材準備：米飯、肉鬆、香鬆、飲用水

1. 雙手掌心沾溼（飲用水）。
2. 先抓一些米飯放在掌心，然後在米飯上放上一些肉鬆，肉鬆上再覆蓋些米飯。
3. 雙手緊握，開始按壓，將有黏性的米飯捏成圓球形。
4. 再把飯球放在鋪了香鬆的盤子上滾一滾。圓形的米飯糰穿上一層香鬆外衣，「鬆一鬆飯糰」就完成了！

飯糰食譜 —— 喇一喇飯糰

食材準備：米飯、火腿、菜脯、玉米粒、小黃瓜、飲用水

1. 先找找冰箱裡的各色食材，如（黃）玉米粒、（綠）小黃瓜丁、（淺咖啡）菜脯、（粉紅）火腿丁（當然都可以用其他現有的食材取代）。
2. 再淋點美乃滋（也有孩子喜歡番茄醬），然後把所有食材跟米飯混合拌勻喇一喇——記得雙手還是要用水沾溼喔！
3. 從中抓出適量的混合米飯，雙手緊握捏成球狀。「喇一喇飯糰」也成功了！

腦補畫重點

台灣稻米

常見種類有糯米、蓬萊米、在來米三大類。最常被食用的是：米粒透明較短圓的粳米（蓬萊米）、秈米則有作為米食加工原料的硬秈（在來米）和米粒透明細長的軟秈；還有糯米也分圓糯（做湯圓和粿）與長糯（粽子、米糕、油飯）。

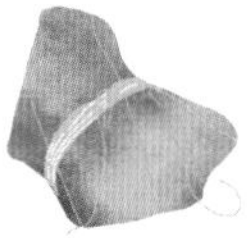

米的營養成分

糙米有豐富的膳食纖維、維生素B群和維生素E等；去除部分麩皮的胚芽米富含蛋白質、脂肪、維生素B、礦物質；白米則是精製程度最高，營養價值流失也最多，建議搭配糙米、胚芽米一起食用，增加營養素。

小米

原住民傳統食物中常吃的小米，雖然也屬於米家族，但又稱為粟，屬於全穀雜糧，高纖高蛋白，含多種維生素，容易消化吸收。

餐車行動指南

❶**活動時間**：100分鐘。

❷客製化改裝行動餐車的機會可遇而不可求，若無法以行動餐車執行教案，可以改為在校園布置簡單的廚房，用小冰箱加上料理檯面，配備卡式爐與鍋具等器具，一樣可以將最普遍的主食米飯，做全方位的呈現。

❸冰箱內的食材，請挑選一般家庭普遍常見的食材基本款（包含肉、蛋、蔬菜、辛香料、調味料、甚至醬菜等），讓孩子學會後，回家容易上手複製。

教案協力：富邦慈善基金會、裕隆集團

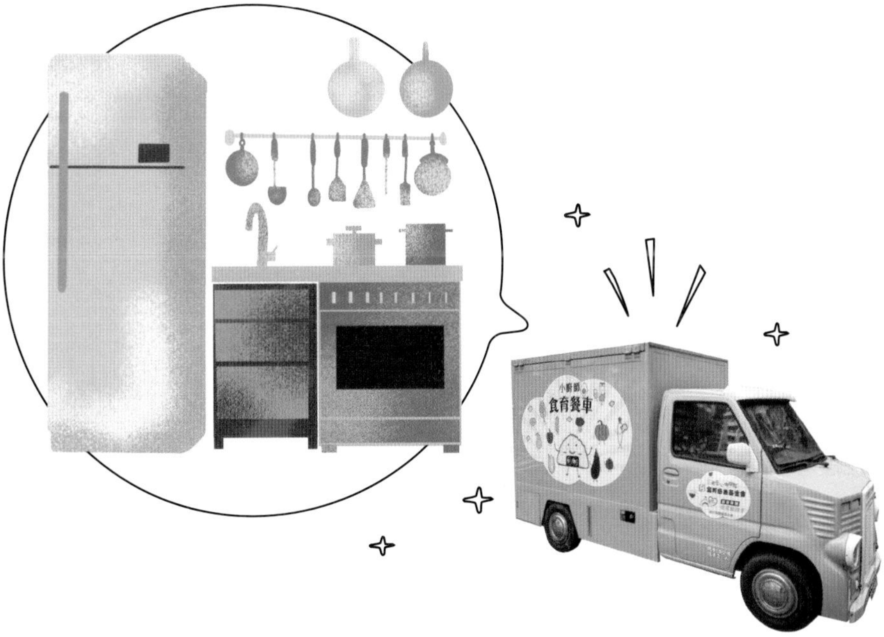

11

玩中學的大地餐桌

食育關鍵字

#樹頭鮮

#稻田裡的餐桌

#飯卷趴

#菜市場教我的事

#著時

暑假前兩個月吧，家長們會開始積極的四處打探軍情，為的就是要超前部署暑假行事曆。除了拯救自己於水深火熱之外（笑），更重要的是在愈來愈重視多元學習的環境下，如何透過不同領域或方式的探索，幫助孩子找到學習模式或樂趣。

特別在客家聚落的菜市場，菜脯的選擇太多了！有年輕菜脯、老菜脯等，可是今天我們要買的是小孩口味偏甜的菜脯；不同時間的醃漬過程，會反映不同的價格，可以找市場裡的專家——客家阿婆問問聊一聊？通通回來告訴大家，分享菜市場的資訊！

親近真實的大地餐桌

帶著這些問題或重點提示，再到菜市場。有的孩子可以透過觀察，很快找到答案；有的擅長提問，市場老闆或闆娘也很熱情回應與教學。總之孩子們不但得到半買半送的優惠，滿載而歸（小朋友在市場也太受歡迎了吧），更透過眼、耳、鼻、手的真實感官，深入認識當令的食材。

有了菜，接著就是把食材變成食物的過程嘍！每組孩子都需要料理自己買回的食材，清洗分切並且起鍋開火。到了這時候，每位小廚師已經動了真感情，用心處理食材，變成美味料理。

所有新鮮的食材大變身：蛤蜊要洗淨下鍋來煮湯、大家輪流練習貓爪式抓住黃瓜、胡蘿蔔切成細條、菜脯用乾鍋拌炒出濃郁香氣就可以了；蛋組的孩子們，要學會打蛋液，加鹽和少許牛奶後，入平底鍋攤出蛋皮，這得需要一點耐心與小技巧，但多練習幾次，就難不倒大家協調的小手小肌肉了！切成蛋絲之後，連同已經蒸熟、切成條狀的手工馬告香腸，全部上桌。

大家用半張壽司海苔，以三合院外大片稻田收割的「我愛你學田米」飯，包捲食材，變成方便手拿、好入口、又營養豐富的海苔飯卷。

為家人準備料理是對自己負責的學習

既然大家都說回家也要教媽媽做飯卷，那麼我們再來加碼一個甜點吧?!午餐後休息一下，就到廚房外面的小院子，採收夏季大發的檸檬。親採後撲鼻的狂野檸檬香，帶領大家進入烘焙模式——不像做料理，可以依個人口味加減配料或調味，我們以「老奶奶的檸檬磅蛋糕」食譜為例，告訴孩子們精準配方，是決定成品從打發到烘烤完全的關鍵。小廚師們回到規矩的步驟，學習亦步亦趨的掌控能力，每個人各自對自己負責，因為要做出一條專屬自己的檸檬磅蛋糕，帶回家跟家人一起分享。

12

台灣海味迴轉壽司

食育關鍵字

#台灣海鮮指南

#黑潮

#海鮮三寶

#煎魚要領

「台灣是個島、是海洋國家。」我們總是這樣告訴孩子。但是我們對四周圍的海域認識多少？島國子民的生活日常，該如何累積對海洋資源的理解、海洋生態的責任，甚至海洋永續的使命？其實我們可以試著從餐桌開始……

教案的設計先由開設、布置一家迴轉壽司店開始吧！幾乎沒有孩子能抵抗迴轉壽司小火車，載運食物到眼前的趣味，所以這次要以全套迴轉壽司配備，吸引小客人們認識台灣的海鮮，包含營養、產地、捕撈養殖方式，以及料理的祕訣等。邊吃、邊玩、邊學，就是我們提供的最佳餐飲服務！

環境布置讓孩子浸潤式學習

因為要分別到復興山區和基隆的偏遠學校開快閃迴轉壽司店，為了兼顧山海不同的區域風土與飲食習慣，許多基本的知識傳遞分享，不能只是單向傳輸，最好是配合飲食的歡快氣氛，跟小客人們有更多的問答討論與交流互動，此外，還要設計很多餐廳會出現的廣告看板或促銷商品般的陳設，讓小客人浸潤在其中學習。

「歡迎光臨！」小朋友在學校的禮堂或風雨操場就定位後，我會和所有參與的志工一起大聲喊出招呼語，並且九十度鞠躬。孩子們立刻身歷其境地看到，前方長桌布置的迴轉壽司列車與料理台、穿著料理圍裙的主廚，以及擔任外場服務人員的志工們。這家奇幻的快閃餐廳，不但有好吃的海味，而且還不用付錢，只要答對問題，就能選擇自己喜歡的一盤。

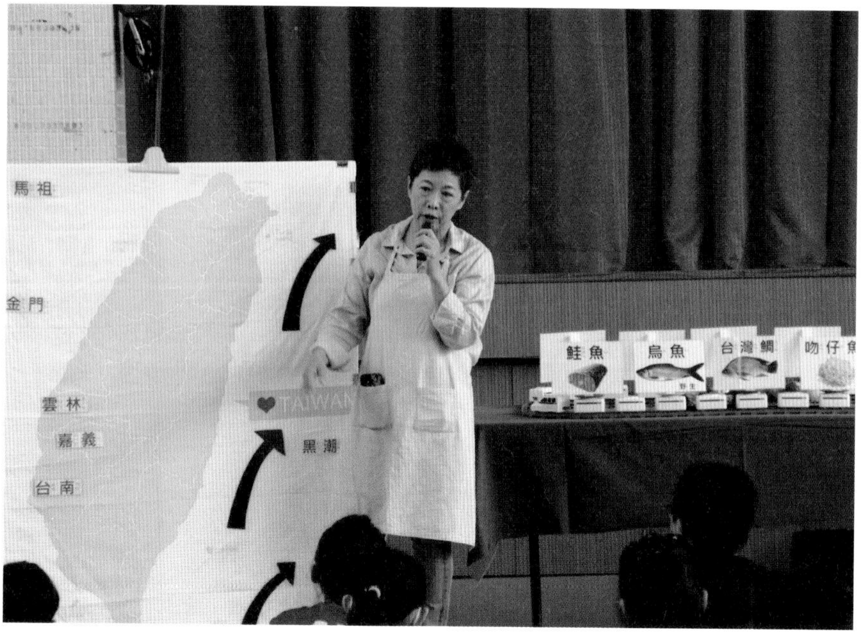
馬祖
金門
雲林
嘉義
台南
TAIWAN
黑潮
鮭魚
烏魚
台灣鯛
吻仔

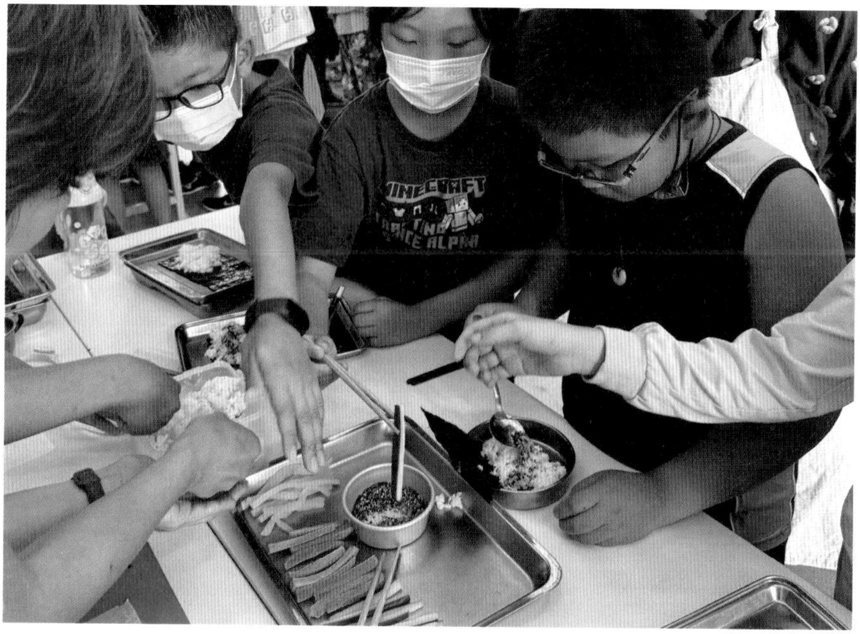

一場海洋知識滿滿的壽司食育餐廳

迴轉壽司八節列車上面，放著代表「建議」、「斟酌」、「避免食用」的綠、黃、紅三種不同顏色的盤子共八盤。盤子上分別擺放不同的海鮮圖片，包含：台灣鯛（綠盤）、虱目魚（綠盤）、野生烏魚（黃盤）、龍蝦（紅盤）、文蛤和牡蠣（綠盤），還有進口鱈魚、鮭魚和鯖魚（紅盤）、魚丸和甜不辣之漁產加工品（綠盤）、吻仔魚（黃盤）等。

由同學分組，選盤搶答跟圖片中海鮮相關的提問，答對的小組將可以享用現場主廚示範的該題海鮮料理，包含：煎鱸魚（不怕煎魚要領教學示範）、虱目魚海鮮粥、烏魚子義大利麵、燙白蝦、蛤蜊蒸蛋、海底雞三明治（鮪魚）、烤甜不辣、吻仔魚烘蛋，讓每組同學都能試吃海鮮的多樣性。另外主廚示範料理之餘，還要教孩子們如何在市場挑選新鮮的漁獲——現場以市場購買三天前與當日的魚，讓大家比較特徵，包含眼睛、鰓、鱗，與魚肉彈性等重點，也教大家親手觸摸及直接觀察的辨識小撇步，誰是新鮮貨，簡單易懂。

終於！每個孩子都吃到屬於自己的迴轉壽司了。最後要讓所有孩子一起動手，學做海味手卷，以海苔包蔬菜、蛋與魚鬆、米飯，製作簡單又營養的手卷。小客人們飽足又笑咪咪的離開了，期待大家更愛吃台灣的海鮮、更加認識海洋資源，進而共同守護永續的海洋生態！

謝謝光臨！

課後觀察

山海的小朋友果然大不同！基隆地區的孩子很多都是海鮮高手！復興山區的小朋友，在事前調查時，有非常多海鮮過敏案例，我們因此準備了替代食材。但教案實施期間，原本過敏的孩子改變主意，說不會對海鮮過敏了……經過再三確認後，才知道原來山上的許多孩子們，因為很少吃海鮮，產生了未知的恐懼；但在活動中，發現海鮮不是暗黑料理，而且料理後色香味俱全，因此改變心意、願意嘗試。

我們也再跟老師確認後，讓孩子們試吃，每個都吃得津津有味！孩子們更認識海洋資源，愛上優質蛋白質，是最棒的收穫！

問答題目與對應料理參考

❶**台灣鯛（●綠盤）**：請問台灣養殖魚類前五名任選一種？（煎鱸魚）
❷**虱目魚（●綠盤）**：請問養殖的虱目魚是淡水養？鹹水養？或都有？（虱目魚粥）
❸**野生烏魚（●黃盤）**：為什麼這個圖片裡的烏魚是黃盤？養殖的烏魚應該是綠盤，對嗎？（烏魚子義大利麵）
❹**龍蝦（●紅盤）**：龍蝦盤幾乎是所有小朋友的首選盤。但小朋友光看就很興奮的龍蝦，為什麼是紅盤呢？（燙白蝦）
❺**文蛤、牡蠣（●綠盤）**：請問我們常吃的文蛤和牡蠣是野生捕撈還是養殖的呢？（蛤蜊蒸蛋）
❻**進口鱈魚、鮭魚、鯖魚（●紅盤）**：小朋友常吃的鮭魚為什麼是紅盤呢？（海底雞三明治餅乾）
❼**魚丸、甜不辣之漁產加工品（●綠盤）**：請問魚丸、甜不辣的加工品的主要原料？（煎甜不辣）
❽**吻仔魚（●黃盤）**：吻仔魚是魚的小baby嗎？台灣在汛期可以合法捕撈的吻仔魚主要是幾種魚種？(小魚乾)

腦補畫重點

食物鏈

用來表示生物之間吃與被吃的關係，任何一種生物的增加或減少都會影響其他生物的生存。海洋生物中，從細菌或浮游生物開始，經草食動物到各級的肉食動物，形成捕食者與被食者的關係就是「食物鏈」。

遠洋及近海沿岸養殖漁業

遠洋漁業在二百浬以外公海，或透過漁業合作，在他國經濟海域內作業；近海漁業在離台灣沿海十二浬至二百浬海域作業；沿岸漁業在離岸十二浬的領海內作業；養殖漁業則是利用天然水面或人造池塭，放養經濟價值高的各種水產（魚、貝、甲殼及藻類等）。

洄游性魚類

某些魚類在生殖期間會游向固定產卵場的現象。台灣的海域因為有黑潮潮流影響海水的溫度，所以洄游性魚類的資源非常豐富。夏季有鬼頭刀、飛魚、鰹魚、雨傘旗魚、黑鯧等；冬季有烏魚、鰆魚、鯖魚、白皮旗魚、黑皮旗魚等。

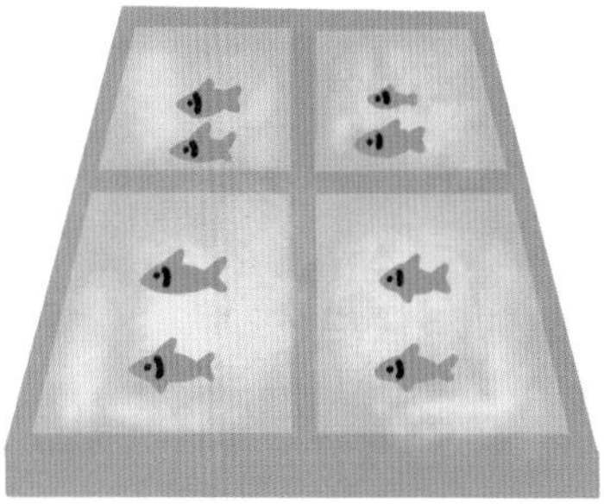

迴轉壽司指南

❶ **活動時間：**120分鐘。

❷ 活動前，務必調查參與的同學是否有海鮮過敏情形。

❸ 排除風吹影響小火車行進，建議使用室內場地執行。

❹ 除了帶領活動進行問答與試吃流程的老師，以及負責料理執行與海鮮挑選指導的廚師外，還要有一組工作人員（志工），負責在答題料理完成的同時，提供給分組小朋友食用，才能保持活動進行的流暢。

❺ 最後的分組海鮮卷實作，希望每位小朋友都能體驗，所以各組也要有負責的（志工）夥伴，提前學會製作要領，然後帶著孩子們執行手作。（注意：需要提供替代的食材給海鮮過敏的同學。）

教案協力：富邦慈善基金會

我先以「幸運的扭蛋」活動來暖身，預估二十五分鐘。我們準備了八道題目，讓分成八組的孩子們一一回答。題目涵蓋了對雞蛋的組成、種類、營養，與保存等基本知識的認知，搭配大型的雞蛋構造圖，破解孩子們對雞蛋的各種迷思。

利用問答遊戲破除對雞蛋的迷思

經過解說引導後，通通都能答對的各組，可以去我們準備好的歡樂扭蛋機，選一個扭蛋當禮物。禮物包含蛋黃酥、蛋捲、蛋塔、鵪鶉蛋、蛋糕、蛋餃、蛋沙拉、茶葉蛋等八種蛋獎品，帶小朋友飛入蛋的全宇宙！（笑）

以下提供題目參考：

- 蛋黃才有營養，蛋白沒有膽固醇，卻也沒有其他的營養成分？
- 蛋黃有蛋白質、脂質和水，其中的脂質裡有膽固醇，所以要少吃蛋黃？
- 蛋殼或蛋黃的顏色深淺，營養成分有不同嗎？
- 市場買蛋有散裝和盒裝兩種，有差嗎？
- 蛋買回來要先洗過才能放冰箱嗎？
- 生雞蛋放冰箱，要鈍端朝上？還是尖端朝上？
- 蛋殼上有斑點、裂蛋，或者敲開雞蛋發現有血斑，可以吃嗎？
- 液蛋是什麼？

烹調實作就是有趣的科學實驗

第二階段的二十五分鐘，由最佳搭擋柱子主廚，邀請小廚師一起透過不同的烹調實作，介紹蛋的三大特性：凝固性、乳化性，還有起泡性。

蛋的烹調實作

- **水煮蛋**：由冷水開始煮蛋，每隔五分鐘置入一顆蛋，由於蛋黃、蛋白凝固所需要的時間不同，透過時間差，可以作出溫泉蛋、溏心蛋或全熟水煮蛋。

- **蛋黃美乃滋**：油分和水分原本是互相看不順眼、難以融合的不同液體，卻因為蛋黃裡的卵磷脂作為乳化劑，將油分和水分拉在一起，你儂我儂黏ＴＴ，依喜好調味後，就變成小朋友愛吃、又沒有添加的新鮮美乃滋！

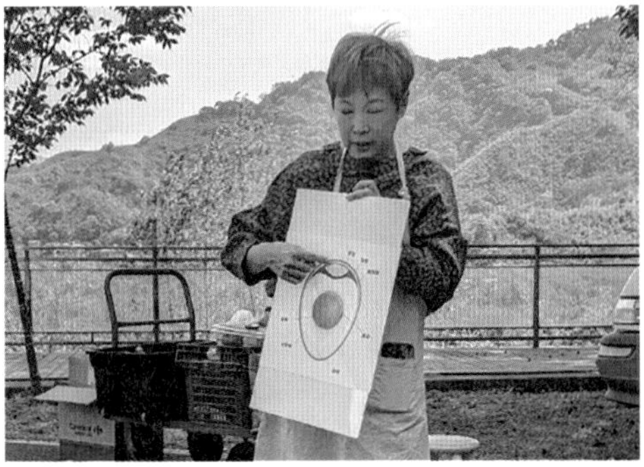

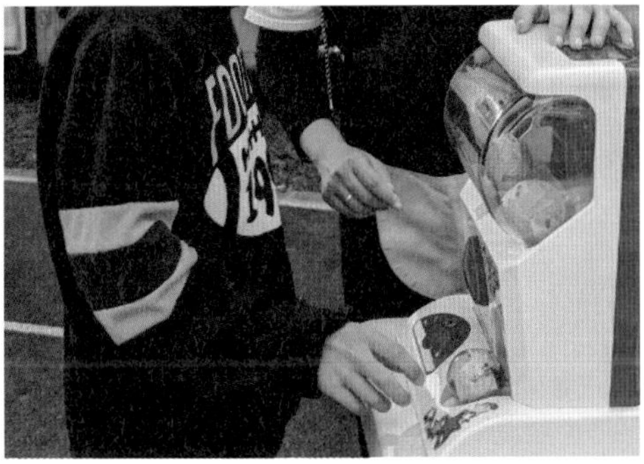

・**蛋白打發：**蛋經過攪拌就會起泡，小廚師們可以試試打蛋白，打發會產生綿密的氣泡。耐心認真打，可以打出結構完整、堅固的形狀。試試看打蛋白的鐵盆，倒扣在頭上會不會滿面豆花？（並不會）

不限制孩子的創意料理競賽

最後三十分鐘，要抓緊時間交給小廚師們來表現囉！認識了蛋的營養與特性，小廚師們將分組進行創意蛋料理競賽！

八組混齡的小廚師們，事前抽籤分成冷、熱（料理）兩區，每區有四組小廚師競技。冷食組配置共用的小烤箱與電鍋，各組還有料理工作桌、砧板、刀具、調味料等；熱食各組增加卡式爐具與鍋具的配置。全體共用事先準備好的食材區，將會有大約二十項在生活中方便取得的食材，以生鮮或半成品的形式，供各組使用，但每組限拿四至五樣。各組小廚師們在三十分鐘內，經討論、選擇食材後，作出一道料理。為了引導小廚師們構思，我們也提供冷熱食的料理命題與菜色參考圖片，給各組小廚師發想。

冷食區

蛋三明治（基本款的再進化）
飯糰或壽司卷（搭配飯的視覺與味覺呈現）
創意沙拉（冷溫沙拉皆可）
暗黑蛋料理（使用皮蛋）

熱食區

蛋很「吵」（炒蛋的各種口感呈現與搭配）

法式吐司（蛋液的浸潤改變口感）

粉嫩蛋（蒸蛋的變化式）

風土煎蛋（利用當地的風土食材）

這個醞釀、討論、規劃已久的教案，在即將到來的新學期，會真槍實彈地在山海間的偏鄉小校執行實踐，又將呈現什麼樣貌呢？我不擔心。因為小廚師們，永遠都會給我們意外的驚喜！

課堂後的美好食光

小廚師們可以在上列設定的情境中，設計製作自己的菜色。每組小廚師會配置志工，協助他們分工與引導討論烹調方式等。最後再由評審團，包含校長、老師、校內廚工、甚至家長代表，一起來評比。雖然是通通有獎（噓），但重點是所有的小廚師們，最後要一起品嘗自己作的美味料理，或許也能偷吃一點別組的菜色（喂）！

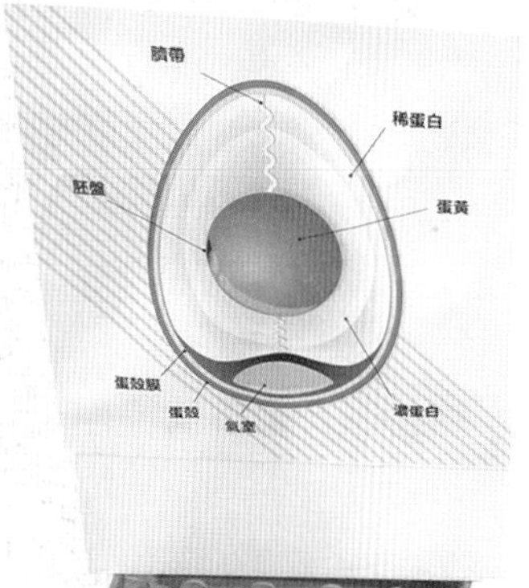

腦補畫重點

蛋的營養成分

蛋黃裡有高度的卵磷脂，可以幫助膽固醇被有效利用，不但不會讓血液裡的膽固醇增加，反而有助動脈硬化的預防，各國都已把雞蛋列為優於肉類的蛋白質來源；蛋白有礦物質維他命B12，還有四十種以上的獨特蛋白質。

液蛋

打蛋去殼之後就是液蛋。分為蛋白液、蛋黃液、全蛋液。去掉蛋殼的保護，液蛋很容易腐壞，要馬上殺菌，通常是攝氏60至65度，加熱3到5分鐘，冷卻後再分裝。常提供給學校或其他大型的團膳使用。

散裝蛋和盒裝蛋

散裝蛋是未經清洗、以散裝賣出，盒裝蛋多數經過洗選處理，所以會被稱洗選蛋。要經過洗淨、消毒、風乾、檢查分級和包裝。請注意散裝蛋依照規定，在容器外要黏貼溯源標籤，保障品質安全。

友善雞蛋

目前法定的三種友善雞蛋是放牧、平飼，或豐富化籠飼，這些是相對友善的雞隻飼養方式，買蛋時可以找看看蛋盒上的動物福利標章，包含「人道」、「友善畜產」、「友善雞蛋聯盟」、「動物福利標章」、「友善生產」五種認證標章，另外根據「食安法」規定，唯有友善生產的雞蛋包裝才可標示「平飼」、「放牧」或「豐富化籠飼」。

怎樣好吃指南

1. **活動時間：**120分鐘。
2. 希望一開始的扭蛋機能成功吸睛，讓小朋友大瘋狂！
3. 課本裡沒有教的食物科學（如蛋的三種特性），透過跟小朋友一起實作，讓大家淺顯易懂又難忘。
4. 在最後烹飪料理比賽中，各組要配置一位義工，提醒孩子們的時間分配、引導食材取用，再放手讓孩子掌廚並呈現料理的美味與美感。
5. 食材區的準備，以每組所需烹調出四、五人份的料理為參考，各種食材（包含蛋主角及可能的創意配料等）依前列菜色分別準備，還有一些額外的香料、新鮮香草，或水果等，也可讓孩子發揮創意使用！
6. 最後讓孩子們把自己做（以及別人做）的料理吃光光！

透過共食分享，產生人際的連結

雖然是我考不上的大學（笑），設計出吸引很會唸書的台大同學們自煮的食育課，我彷彿變成了大學教師！我想先以輕鬆有趣的角度，讓大家主動參與開心的聯誼歡聚，再從中置入日後大家可以輕易複製的料理。我們再度出動浮誇吸睛的食育餐車，開到宿舍前，將移動的廚房布置成美化的宿舍煮食區，使用同學們目前可以運用的料理器具。為了加強動機，以「春日浪漫」為主題，訴求的不只是自己吃飽就好，多用點心思，可以跟心愛的戀人、朋友，或同學一起享用親手做的料理。

我們提出「台大餐車好食光」的菜單，由我跟蘇彥彰主廚共同示範，包含·荷爾蒙爆發之在一起「海味炊飯」、滿腔愛意都在「雞胸三部曲」、自製蒜味美乃滋、十指緊握黏TT「飯糰」等，是不是充滿「浪漫」元素，非常適合年輕人享用的食譜？別流口水，食譜會附上給各位參考。

女生宿舍的草地前，我們鋪滿了野餐墊與可愛的大玩偶，播放輕快的音樂；另一場則是有柔和可愛的桌巾、繽紛多彩的花朵和氣球，以歡樂趴踢的氛圍，讓所有參與的同學，體會美好情境下的料理步驟和品嘗體驗。

料理示範過程中，除了邀請大學生到餐車冰箱，隨機挑選常用愛用的食材，更鼓勵大家挽起袖子動手練習。

「其實很簡單嘛！」（比上台大簡單一點，哈！）

「下次我也會做了！」（這麼說我就放心了！）

「請問要怎樣讓自己的料理變得帥氣呢？」提問的是一位標準宅男（喂）。

主廚蘇彥彰說：「除了多做、多練習，讓自己更熟練。更重要的是，相信自己值得美味的食物！」

也太會了吧，好啦！主廚就給你一個人帥氣好了！

果然是台大學務處團隊，如此聰明而且進步的選擇，以「食物」進入大學生的心房，讓大家試著以簡單方便好操作的料理，讓自己身心飽足，還能透過共食分享，展開人際的連結；以香氣、溫度與手感，接住所有需要支持與理解的年輕人！

課堂後也可以練習

春日浪漫食譜四品

荷爾蒙爆發之在一起「海味炊飯」

(食材) 米、蚵仔、蛤蜊、蔥、薑、油蔥酥

(作法)

1. 先將蚵仔、蛤蜊洗淨，以快煮鍋煮水與薑片（水量不用太多）。
2. 待水滾先燙蛤蜊，開口即撈出備用；同鍋接著放入蚵仔，川燙約30秒撈出備用。
3. 米洗淨後瀝乾，放進電鍋內鍋，用剛剛燙海鮮的湯汁來煮飯（水與米1：1.4）。
4. 飯煮好後燜一下，再迅速開鍋鋪上剛剛燙熟的蛤蜊（去殼）與蚵仔，加點鹽調味，還有祕密武器油蔥酥。最後不要客氣，蔥花灑好灑滿，剛好有辣椒的話，也可以切一點增色，簡直華麗繽紛！可以兩人分食，更適合大家一起搶食！

十指緊握黏ＴＴ「飯糰」

(食材１) 白飯、肉鬆、香鬆

(食材２) 白飯、玉米、黃瓜、火腿、菜脯、美乃滋（我們用便利商店就可以買到的玉米罐頭、火腿、還有切碎的菜脯，這些都是可在宿舍常溫常備的萬用食材）

(作法)

簡便的午餐、點心，更可以是送給男女朋友、心臟爆擊、愛的便當。

1. 利用食材1，雙手沾溼（食用水），取適量白飯鋪放在手掌（白飯煮好降溫後使用）。飯中間放適量的肉鬆，上面可以再蓋一點飯。
2. 用雙手按壓，利用米飯的黏性，揉成小圓球；成型後將飯糰放在布滿香鬆的盤子上打滾，讓白白飯糰裹上一層薄外套。
3. 利用食材2，依自己喜好或取得方便性增減食材。以上食材（玉米粒除外）都切成小丁，拌入適量美乃滋。
4. 加入白飯拌勻後，用剛剛的手法，捏成圓形或三角形的飯糰，裝入便當盒或保鮮盒，在教室打開來享用。別忘了美美的發IG！

滿腔愛意都在「雞胸三部曲」

(食材 1) 雞胸、蔥、嫩薑、蒜仁

(食材 2) 蔥花、蒜碎、紅辣椒、辣渣、麻油、醋、醬油、紅蔥頭適量

(作法)

不要以為雞胸肉又硬又柴、不好吃，真是天大的誤會。雞胸肉富含蛋白質、不油膩、價格相對便宜、又有飽足感，而且料理方法超簡單，只要做對了，雞胸肉就會是舞台上的閃耀主角。

1. 雞胸一付開成兩片，用百分之三的鹽水（比如1000ml的水、30g的鹽）浸泡至少3小時（前一晚即浸泡更佳）。
2. 取插電式快煮爐煮水，水滾後將食材1的雞胸、蔥、薑、蒜仁（或其他辛香料如香茅八角）放入，立刻關火，蓋鍋蓋悶15分鐘（若雞的胸膛比較厚實，可酌量延長3至5分鐘）。
3. 時間到了，取出雞胸肉放涼，恭喜完成第一部曲！（試吃一下，雞胸肉是否無比軟嫩多汁？）
4. 接著將雞胸肉切片，再把食材2的材料拌勻（可隨喜好或就地取材增減），做成淋醬。第二部曲的麻辣嫩雞胸就完成了！
5. 第三部曲，是為了特殊節慶或聚會時的炫技——請見下一個食譜。

自製蒜味美乃滋

(食材) 雞蛋一顆、法式芥末醬與芥末籽醬適量、沙拉油、蒜泥、檸檬一顆、鹽、白胡椒

(作法)

1. 取一個鋼盆，用打蛋器將蛋黃打散，再加入蒜泥（可略過）、少量的鹽、白胡椒、芥末醬和檸檬汁一起混合。
2. 然後分次慢慢加入沙拉油，均勻打成你儂我儂（不能油水分離）。持續適量加沙拉油，直到成為乳狀，打勻後試味道，酌量增加偏好的滋味！（說起來落落長，但打起來不過幾分鐘的過程。）
3. 自製美乃滋抹在土司上，加生菜（或小黃瓜片）、番茄切片、雞胸肉片，第三部曲的雞胸肉三明治，好適合在陽光校園裡享用野餐！

自煮行動指南

❶ **活動時間：** 60分鐘。

❷ 沒有餐車的替代方案：只要在宿舍區的公共空間設置長桌，擺放目前可以使用的料理器具，一樣可以操作示範。

❸ 重點是讓大學生們在方便舒適的環境下參與活動，並多提供跟同學互動與實作的機會，打破做料理很麻煩的迷思。

❹ 提供食材購買的建議與選項，幫助大學生在有限預算內採買。比如某些即期品或醃菜，或是可以經常使用、不會浪費的食材。與外食相較，會更經濟、健康、又合口味。

教案協力：台灣大學學務處、裕隆集團

VISION 001

好好吃教室

與孩子一起實踐的十四堂食育課

作者 劉昭儀
繪者 羅亦庭

總 編 輯 陳怡璇
副總編輯 胡儀芬
助理編輯 俞思塵
內頁設計 翁秋燕
封面設計 Bianco Tsai
行銷企劃 林芳如

出版 大景文創 / 遠足文化事業股份有限公司
發行 遠足文化事業股份有限公司（讀書共和國出版集團）
地址 231 新北市新店區民權路 108-3 號 3 樓
電話 02-2218-1417
傳真 02-8667-1065
Email service@bookrep.com.tw
郵撥帳號 19504465 遠足文化事業股份有限公司
客服專線 0800-2210-29
法律顧問 華洋法律事務所　蘇文生律師

印刷 呈靖彩藝有限公司
2024（民 113）年 5 月初版一刷
定價 420 元
ISBN 978-626-98503-0-3
978-626-98503-2-7（PDF）
978-626-98503-1-0（EPUB）

國家圖書館出版品預行編目（CIP）資料

好好吃教室：與孩子一起實踐的十四堂食育課/劉昭儀作. -- 初版. -- 新北市：大景文創，遠足文化事業股份有限公司，民 113.05
152 面；17 x 23 公分
ISBN 978-626-98503-0-3(平裝)

1.CST: 食物 2.CST: 教育

427　　　113004164